天外来客 / 8

外星人的模样 / 10

外星人地球之旅目的大猜想 / 24

俄天文学家预言人类将遭遇外星人 / 25

与外星人联系是否危险 / 25

外星人研究的十佳"胜地" / 28

外星人真的存在吗 / 36

一百万个机会 / 38

在或者不在，这是一个问题 / 47

主要假说 / 51

目 录

地下文明说 /52

杂居说 /53

人类始祖说 /54

平行世界说 /55

四维空间说 /56

未来生命说 /56

最热烈的讨论——玛雅文明 /59

科学探索寻找地外生命 /69

星际外交人才 / 75

不明飞行物—UFO / 80

不明飞行物调查不完全记录 / 83

英国空军雷达屏幕上曾监测到"UFO舰队" / 86

埃及草纸文稿中的神秘飞行器 / 95

关于UFO的解释 / 96

不同类别的接触 / 100

UFO动力大猜想 / 101

离子发动机 / 104

光能发动机 / 105

电磁流体力学原理 / 105

虚质量原理 / 105

虚速率原理 / 106

波力发动机 / 107

反物质反应堆与光子火箭 / 109

时空场共振理论 / 109

静态磁能技术与反重力技术 / 109

爱因斯坦—罗逊桥理论 / 110

人造飞碟 / 113

目 录

外星人是人类对地球以外智慧生命的统称。古今中外一直有关于外星人的遐想，但现今人类还无法实际探查是否有外星人存在，虽然一直以来，很多人声称自己见证外星人造访地球，甚至与自己发生接触，但是大多数学者专家相信，人类与外星人所谓不同程度的接触，其实都是心理作用，人类发现"外星人"的机会很小，即使发现有外星人的存在，也几乎很难与他们发生任何接触。在过去50年的搜寻中，天文学家并没有发现任何外星人的确凿线索。但是从理论上说，宇宙中存在其他智慧生物几乎是必然的。至于人类是否有机会与之接触，还不得而知。

天外来客

外星人的报道时常见诸报端,很多人声称见过飞碟,甚至见过外星人,同时他们也拍到了各种各样的有关飞碟的照片。这一切到底是真是假,外星人真的存在吗?

据自称见过外星人的人们描述,他们所见到的外星人大多是一些个子矮小,脑袋圆大、嘴巴窄长如裂缝、身穿紧身衣的类人生物。

另一些人则热心于寻找外星人在古代留下的痕迹。他们认为撒哈拉沙漠壁画上人物的圆形面具、复活节岛和南美的巨石建筑以及金字塔等种种无法解释的史前奇迹都与外星人有关。还有的学者提出人类是外星人的后裔,或人类中一些民族(如玛雅人)是外星人与地球人交配的后裔等种种观点。但这些也只能作为猜测和假说,其中大多数仍缺少足够的证据。

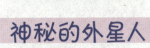

外星人的模样 〉

目前，各国的不明飞行物专家都声称掌握了一些有关外星人的目击报告。从这些目击报告来看，人们所见到的外星人大致可分成以下4类，即：

1. 矮人型类人生命体；2. 蒙古人型类人生命体；3. 巨爪型类人生命体；4. 飞翼型类人生命体。

一、矮人型类人生命体：此类类人生命体也被我们叫作宇宙中的侏儒。他们的身高从0.9~1.35米。同自己矮小的身躯相比，他们的脑袋显得很大，前额又高又凸，好像没有耳朵，或者说他们的耳朵太小，目击者很难看清。

他们目光呆滞，双目圆睁，说明其双眼对光线几乎毫无感觉。他们的鼻子很像地球人的鼻子，但有些目击者说，他们所见到的矮人的鼻子是在面孔中间的两道缝。矮人型类人生命体的嘴像一个有

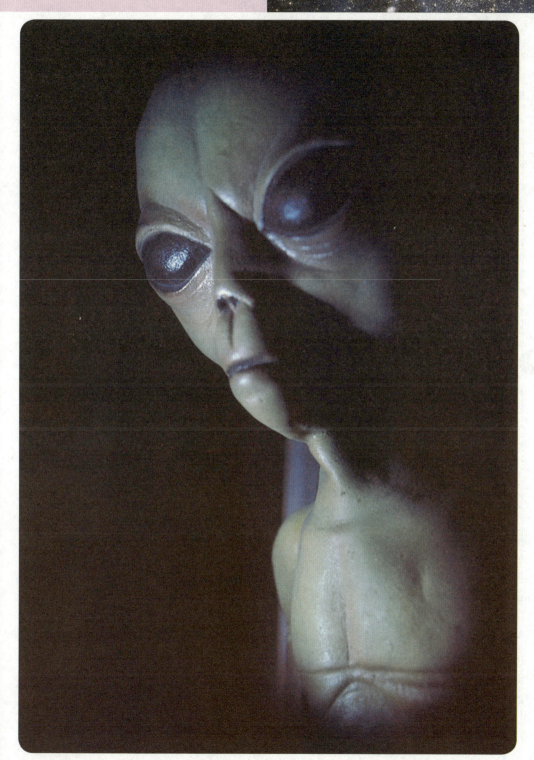

唇的口子一样，或者说是一个非常圆的、有奇怪皱纹的孔。他们的下巴又尖又小。他们的两只手臂挺长，脖颈肥大，从正面看去，好像几乎没有一样。然而，他们的双肩又宽又壮。

据目击者说，这些矮人型类人生命体都是身穿金属制上衣连裤服或是潜水服。有人曾看到过一小群这样的矮人，当时目击者还以为他们是外形丑陋的类人猿。这些矮人的两侧好像并不对称，他们身躯的左部似乎比右部肥大些。

二、蒙古人型类人生命体：这类类人生命体的身高在1.20米–1.80米之间。从总体上看，他们各个部分之间都很协调，没有任何丑陋的地方。他们的形态各个部位都与地球人相近。如果要把他们与地球上的某个民族相比，他们很像亚洲人。他们的肤色黝黑黝黑的。

1954年10月10日，马里尤斯·德威尔德先生发现一个不明飞行物停在他家附近，而后，从这个飞行物中走出来一个类人生命体。德威尔德先生说："我所看到的这个类人生命体戴着透明的、柔软的头盔。尽管天色有些黑，我还是看清了他

的脸、耳朵和头发。这个'人'看上去很像亚洲人，面孔真像蒙古人。他的下巴宽宽的，高颧骨、浓眉毛，双眼呈栗色，很像那种有蒙古血统的人的眼睛，他的皮肤很黑。"

至于服装，他们穿的是很贴身的上衣连裤服，就像宇航员的宇宙服一样。

从专家们收集到的有关类人生命体的报告来看，这一类人遇到的最多。

三、巨爪型类人生命体：这种类人生命体在20世纪50年代发生的世界性第一次不明飞行物风潮之后就再也没人看到过。专家们说，人们主要在南美洲的委内瑞拉发现过巨爪型类人生命体。

据目击者们讲，这些类人生命体都赤身裸体，不穿任何衣服，他们的身高在0.60-2.10米之间不等。他们的手臂特别长，同其身躯相比极不相称。手是巨型的大爪子。

1958年11月28日凌晨2点，两名加拉加斯市(委内瑞拉)的长途卡车驾驶员看到了一个巨型的、闪闪发光的圆盘落在地上，而后从圆盘中走出了一些巨爪型的类人生命体。他们看先到的外星人是一个

神秘的外星人

浑身放光、头披长发的侏儒，这个侏儒一步一步地朝他们走来。当侏儒走得离他们非常近的时候，一个司机朝侏儒扑了过去，要把他逮住。这样，司机就同那个来自外星的人搏斗起来。侏儒力大无比，一下子就把司机打翻在地，接着就向圆盘跑去。此刻，其他类人生命体从圆盘中出来解救自己的伙伴。而后，他们都消失在圆盘中。由于目击者是在近距离看到类人生命体的，所以他告诉调查这次事件的专家们说，这个侏儒有像爪子一样的手指，他的手是有蹼的。

1954年12月10日，在阿根廷的奇科，同年12月16日，在阿根廷的圣卡洛斯都曾发生过类似的事件。

同矮人型与蒙古人型类人生命体相比，这种巨爪型的类人生命体的特点是，具有侵略性，也就是说，他们似乎对地球上的人类抱有敌意。然而，自打20世纪50年代以来，人们就再也没有发现过这种巨爪型的类人生命体。

四、飞翼型类人生命体：1922年2月22日15点，在美国内布拉斯加州的哈贝尔，一个名叫威廉·C·拉姆的人正在森林里狩猎。突然，在一阵刺耳的鸣叫声过后，他看见一个球形物在离他20米远的地方着陆了。几秒钟后，他看到一个身高约2.4米的人朝那个球形物飞去。

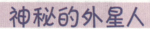

神秘的外星人

1958年6月18日约14点30分，在美国的休斯敦，霍华德·菲利普斯先生、海德·霍尔克小姐与贾戴·迈耶斯小姐，正在东三大街118号的花园里散步。突然，他们看见一个戴有头盔的人从他们眼前飞过。

1967年1月11日，在美国弗吉尼亚州的普莱曾特·麦克丹尼尔夫人上街去买东西。忽然，她发现在她右侧有一个像小飞机一样的东西贴着树梢从大街上飞过。由于那个东西朝她飞来，她可以辨认出那是一个背上有双翼的类人生命体。

1967年8月26日，在委内瑞拉的马图林，一个名叫萨基·马查雷恰的人发现了一个飞行物。起先，他还认为是一只野鹭。那个飞行物在一座桥的中间着陆了。此刻，马查雷恰才看清楚，那是一个约1米高的矮人，他的双眼大得吓人。

1967年10月1日约22点，在美国俄克拉荷马州邓肯市，一些车辆在7号国家公路上朝东驶去。突然，司机们发现在公路旁站着3个怪"人"。这些"人"身穿发磷光的蓝绿色上衣连裤服。他们的面孔很像地球人的脸，但双耳又大又长。当他们看到司机们朝他们走过来时，就腾空飞起，消逝在夜空。

1968年9月2日约14点15分，在阿根廷的科菲科，一个名叫T·索拉的10岁孩子看到一个身高2.1米的怪人在空中飞翔。他的身子放射出奇异的光芒。他飞到了一个停在地面的飞行器旁边。

五、其他类型的类人生命体：此外，目击者们还看到过其他类型的类人生命体。有人曾发现过一些不具地球人类

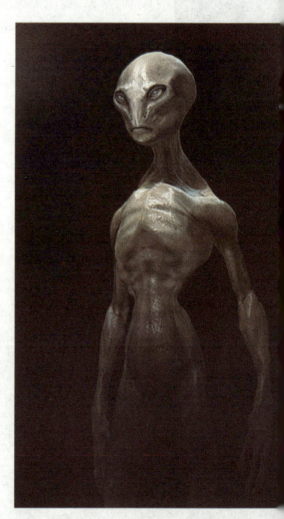

外形的智能生物。例如，1954年9月27日，在法国汝拉的普雷马农，人们看到一个长方形的生物从一个飞行器中走出来。1954年10月2日，人们在法国南部地区，看到过两个发暗的"块状身影"从一个刚刚着陆的飞行器上走下来。据专家们认为，上述两起事件的怪物大概是受某个智能生物遥控的机器人。

1965年和1966年，美国人曾发现过一种新类型的类人生命体。他们或是矮人(0.8米高)，或是巨人(3米高)，这些类人生命体都具有以下特点：

1. 没有眼睛；2. 没有嘴；3. 没有耳朵。

美国西北大学天文学家雅克·瓦莱曾经总结了发生在1909-1960年间的80起不明飞行物事件。在这51年当中，人们在刚刚着陆的不明飞行物旁发现过153个类人生命体。在这153个"人"当中，有35个属于蒙古人型的类人生命体。

美国学者约翰·基尔认为，也许某一种类人生命体专门考察地球的某一地区。因此，看来英国和法国是矮人型类人生命体专门光顾的地方，美国东部则是蒙古人型类人生命体"垄断"的地盘，而南美洲大陆就成了专门吸引巨爪型类人生命体光临之地。

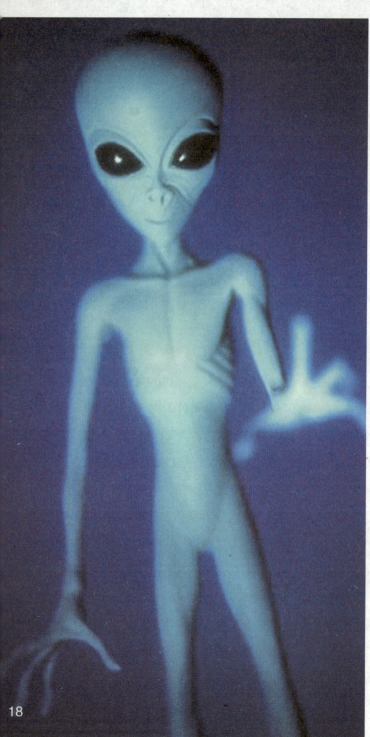

• 科学家描述外星人形象的尝试

美国宇航局曾邀请一些行星专家、生物学家和科普作家，让他们根据某些星球的物理和化学条件，勾画一下这些星球上的外星人模样。专家们各抒己见，描述了各种各样的外星人，从能凝结成块的生物，到大头矮身的小矮人。看来，他们对外星人形态的看法很不一致。

美国生化学家、《外星人科学》一书的作者克里福德宣称：他们曾试图制作出远离地球有好几十光年的"地球2号"的假定模型。假设该行星的重量只有地球的一半，大气层里二氧化碳稍多，频繁的火山喷发使其地动山摇……将这些资料输进一种专门的电脑程序里，希望能知道"地球2号"都有哪些生命。电脑的答案是："有一种介乎于马和长颈鹿之间的、三条腿的大型动物形外星人。"

其实，生命是特定环境的产物。海豚的身体呈流线型。如果外星动物生存于流体之中并且运动速度快，它的身体就会因运动的需要而演化。该物种如果一直在流体中成长为智能生命，它的身体的最佳选择只能是流线型。再譬如，在较小的行星上，由于生物所受重力小，它们都会一个劲地往上"长"，体形变得又细又长。而在大行星上，由于巨大的引力负荷，那里的生物必定又短又壮实，腿短颈短。假如一个行星的引力是地球的 10 倍，而动物的腿却和鹿腿一般粗细，它的腿骨会被沉重的身体压得骨折；而它的腿如果长得和大象腿一般粗细，就会失去运动的灵活性了。此外，阳光的辐射强度、行星上物质的成分以及空气成分等都会影响生命的外部和内部特征。

至今关于外星人的所有描述都是地球人想象和杜撰出来的。外星人到底长什么样? 这个问题太难回答了。不管我们如何想象，不管我们的想象多严肃、多大胆，也必然会带着我们这个时代的深深烙印。

美国外星智慧探索研究中心的科学家塞思·肖斯塔克认为，人类不可能遭遇到像科幻电影里描述的那种软软的、黏糊糊的外星生命，而更可能遇到某种智能机器。他以加利福尼亚硅谷的科学进展为根据，提出一个猜想：应该有一种可能，在人类生命进化发展过程中的某个阶段，随着科学技术越来越进步，我们完全可以制造出

一些人造的精巧智能物体，以继承我们人类的文明。如果在太空中有其他更进步的文明的话，几百万年来，他们可能早就制造出智力机器。所以，我们能够探测到的外星人将会是一种机器智能人，而不是像我们一样的生物智能人。这个观点为许多科学家所接受。要理解这一点，需从人类本身说起。其实人类一直有探测星空的梦想，然而要走出太阳系，走出银河系，进入遥远的星空并非易事。由于人类自身的脆弱性以及技术的原因，在太空探索的最初阶段，人类本身无法承受巨大的发射荷载，也不能在太空长期居留，只能依赖遥控机器人。因此首先将机器人送上太空打

前阵，然后派人类跟上，要安全得多。

　　一些科学家由此非常肯定地认为：如果有某一种外星生命想要和人类取得联系的话，他们在宇宙中首先邂逅的将是我们制造的智能机器；同样的道理，我们如果能接触到外星人的话，也许就是外星机器人。

　　但研究外星文明的其他专家并不这样认为，他们觉得塞思·肖斯塔克完全低估了外星人可能具有的生物技术，高明的生物技术完全可以做到将有机生物体和机器融为一体，创造出肉身与机械结合的新的生物种类。

神秘的外星人

> ## 深入人心的外星人形象——E.T.

圆圆的脑袋、海龟一样的肚子、弹簧一样的脖子、爱因斯坦的眼睛，这几乎是20世纪80年代的外星人标配版本，而这个真诚、可爱的小家伙有一个家喻户晓的名字——E.T.。

1982年，美国著名导演斯皮尔伯格执导了一部温馨的科幻片《E.T.》（外星人），讲述了一个被同伴不小心留在地球上的外星人与小男孩艾里奥特建立起纯真友谊的故事。虽然讲外星生物，却没有绚丽特技，没有巨大场面，一切都是平实的生活场景，朴实童真的对话，完全从孩子的角度，从孩子的视角展现了外星人E.T.，大人除了艾里奥特的母亲都没有给正面的镜头，贯穿全片的大人们只有下半身镜头，颇有反面角色的意味。

当看到艾里奥特骑着单车脱离地面，车筐里载着E.T.，映衬着洁白偌大的月亮，向着自由和梦想飞去，激动的心情和释放的感动也不禁和他们一起翱翔在空中。无疑，这已经是电影史上的经典镜头之一。

影片从最初公映就轰动一时，人们觉得很奇怪：柔情蜜意、少年童真、另类友谊竟能在一部片子里得到如此和谐的统一。很多人走进影院，一遍又一遍地温习艾里奥特和小 E.T. 的友情故事，以至于在整个 20 世纪 80 年代，这部片子一直骄傲地坐在全美票房总收入的头把交椅上。

斯皮尔伯格拍《E.T.》时，正好是"外星人"、"飞碟"炒得火热的时候，他大胆设想了人们对外星人不同的态度，人类到底应该如何对待外星球的生物，无疑艾里奥特一颗纯洁的童心，对外星人的友好乐观态度得到了斯皮尔伯格的赞同。试想一下，科技继续发展下去的话，真的有一天如果人类去了其他星球，说不定也会面对 E.T. 面临的情况，到时候人类就是"外星人"了。作为"外星人"的人类是否会经历这么美好的故事不得而知，但是 E.T. 留给我们对于超越距离、超越语言甚至超越种族的爱和友谊的思考是永恒的，而这也是 E.T. 深入人心的真正原因。

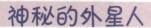

外星人地球之旅目的大猜想 >

一、促进文明：外星人暗中导引人类朝向更文明的未来发展及推展宇宙文化，例如埃及、玛雅等古文明，可能是外星人遗留的文明。近年来应用第四类接触，也就是经由灵媒传达一些外星来的新思潮，被称为新纪元思想。

二、地球寻根：外星人曾是地球人，在生活环境变异不能适应时离开，遗留许多辉煌的古文明遗迹，例如埃及、玛雅的金字塔、南美的纳斯卡地面巨大图形等，现在想再回到地球探访那些古文明的遗迹。

三、观光旅行：外星人生活水平极高，科技相当发达，可以到宇宙各处旅游，当然会到达宇宙中这一颗美丽而适合生物生存的蓝色行星——地球。

四、监视警戒：人类好战，因此外星人监视人类使用毁灭性核武器，并防止产生公害，导致地球灭亡及影响到宇宙的和平。

五、调查资源：外星人曾杀害许多牲畜，甚至诱拐人类作医学试验，也长期探勘地球的各项资源，经常采取植物、岩石及水样，以寻求其行星上所缺乏的信息或资源。

六、侵略征服：地球是宇宙中极珍贵的行星，在外星人因自然环境无法继续居住原星球或人口过度膨胀需要外移时，可能以地球为移居的目标。因此秘密侦察地球上的军事机密、地理环境及人文数据等，为将来武力侵略征服地球做计划。

• 俄天文学家预言人类将遭遇外星人

俄罗斯天文学家芬克尔斯坦教授表示："生命的出现是复杂原子发展的必然产物，生命必定存在于其他星球上，人类将在未来20年发现它们。"他是俄罗斯科学院应用天文学研究院院长。当被问及外星人的样子时，芬克尔斯坦表示他们可能和人类相似，两只手、两条腿和一个脑袋。他称："或许外星人的肤色不同，但人类也同样有肤色差异。"

• 与外星人联系是否危险？

从最初的《星际迷航》再到《飞向太空》再到最经典的《E.T.》，人类对宇宙空间的探索一直没有停止过，人们一直想要在外太空找到一丝生命的迹象，希望与之交流沟通，互惠互利。但是，近日物理学家霍金却语出惊人，称最好不要主动与外星人联系。

2010年4月26日，英国著名物理学家和数学家斯蒂芬·霍金在一部纪录片中说，外星人存在的可能性很大，但人类不应主动寻找他们，应尽一切努力避免与他们接触。

25

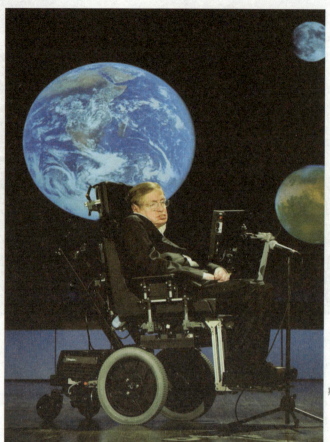

斯蒂芬·霍金

　　美国探索频道曾播出过系列纪录片《跟随斯蒂芬·霍金进入宇宙》。霍金在片中向观众介绍他对是否存在外星人等宇宙未解之谜的看法。

　　英国《星期日泰晤士报》援引霍金的话报道，宇宙中存在超过 1000 亿个星系，每个星系中包含大量星球。仅仅基于这一数字就几乎可以断定外星生命的存在。

　　"真正的挑战是弄明白外星人长什么样，"霍金说。在他看来，外星生命极有可能以微生物或初级生物的形式存在，但不能排除存在能威胁人类的智能生物。

　　"我想他们其中有的已将本星球上的资源消耗殆尽，可能生活在巨大的太空船上，"他说，"这些高级外星人可能成为游牧民族，企图征服并向所有他们可以到达的星球殖民。"

　　霍金认为，鉴于外星人可能将地球资源洗劫一空然后扬长而去，人类主动寻求与他们接触"有些太冒险"。

"如果外星人拜访我们，我认为结果可能与克里斯托弗·哥伦布当年踏足美洲大陆类似。那对当地印第安人来说不是什么好事。"

美国历史学家尼尔认为：在地球上强大的（即比较发达的）文明总是控制比较弱小的文明，而不取决于政治上的从属关系。他认为当与水平大大地超过我们的地外文明建立联系时，它可能会"压制"我们的文明，直到它被融化在更高的文明中为止。

然而，中国数学家和语言学家周海中在1999年发表的论文《宇宙语言学》中指出：这类担心是完全没有必要的，因为只要是高级智慧生命，他们的理智在决定着他们必须有分寸地对待一切宇宙智慧生命体，所以外星人与地球人将来是能够和平共处、友好合作和共同发展的。

看来，地球人与外星人联系是否危险的问题还会争论下去。

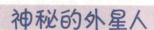

SHEN MI DE WAI XING REN

外星人研究的十佳 "胜地" ＞

目击事件的不断发生，使世界上的部分国家和地区成为了外星人研究爱好者们的天堂，那这些神秘的生物会去哪儿呢？由于电视和电影题材之多，很多人认为，外星人会访问美国，但这并不完全准确。实际上不明飞行物已经在世界各地留下痕迹，从奥克尼、奥克兰和巴拿马到平壤，到处都留下了他们的足迹。很显然，虽然美国被认为拥有飞碟垄断，但他们并没有特权。下面我们就来细数一下地球上最受外星人 "青睐" 的十大 "胜地" 吧。

第十名: 印度尼西亚

　　没错, 印度尼西亚。你一定不会猜到, 但每年印尼的飞碟目击报告数量非常高, 可能与该国的高人口密度有关。遗憾的是印尼从来没有过什么特别有趣或著名的不明飞行物目击事件; 但规模较小的目击数量之多, 足以让它入榜。在2004年印度洋海啸后印尼出现了大量的不明飞行物目击, 致使有人猜测外星人正试图警告他们把自己的泳裤穿上。

神秘的外星人

第九名：法国

法国拥有丰富的遭遇不明飞行物的历史，有些可以追溯到中世纪。2007年，法国政府作出了有关决策，向公众提供过去、现在和未来可获得的不明飞行物文件。

第八名：德国

现代最早发现有飞碟出没的地方是二战时的德国。在纳粹德国的天空和太平洋战场上，参加战争的双方飞行员被莫名的称为"富战士"的飞行机攻击。据谣传，纳粹德国不仅用飞碟作实验，还用非人力量伪造外星人。自此以后，德国人民一直在关注着天空。

法国

第七名：加拿大

作为美国的北方邻国，加拿大目睹了相当多的过界飞碟。就像意外飞出围栏的球一样，他们通常降落在一些灌木或花坛中，但有时他们会打开一扇窗。偶尔也会有人受伤。例如，1967年斯特凡·米夏拉克声称由于飞碟燃烧反应堆而受伤并遭受辐射中毒。当年晚些时候一个不明物体落入沙格港。对海港的搜索立即开始，但未能发现任何飞机坠毁的证据。有谣言称贪婪的美国人在参与搜索时秘密地将残骸带走。为何外星人会访问加拿大？只能有两个原因，要么他们只是过路，要去美国或他们要嘲笑愚蠢的加拿大警察。

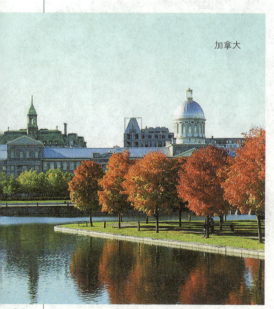

加拿大

第六名：英国

英国是世界作物圈的首脑，它同样拥有大量不明飞行物报道，特别是在该国西南部和威尔士接壤处。索尔兹伯里平原，是著名的外星人出没点。索尔兹伯里以北的古老的巨石阵遗迹，有数条谎言之线。这些无形的线据说是飞碟公路，使巨石阵成为交通枢纽。但外星人要去哪里？或许他们要到另一个更阳光和更有趣的空间里度假。

英国

2008年英国国防部公开了长期封存的4000页不明飞行物调查报告。英国国防部不明飞行物办公室已收到数以千计的不明飞行物报告，但并没有时间去考察。已经审理的案件有80%已通过理性的手段做出解释，其他20%笼罩在神秘之中。英国国防部目前正在销毁堆积如山的文件。

最有名的一起外星人目击事件发生在1980年英国的伦德尔沙姆福雷斯特。英国皇家空军人员伍德布里奇被送往森林调查一架击落飞机。据称，他们发现了一个小外星人飞行机，并看到树林中有莫名的灯火。

第五名：墨西哥

墨西哥是著名的飞碟热点国家之一。墨西哥也会像加拿大那样看到越界的飞行器，似乎外星人对墨西哥本身也感兴趣。墨西哥城是一个外星游客特别喜欢的地方。有证据表明，外星人喜爱古迹。像所有的游客一样，来访的外星人情不自禁地想探索墨西哥的金字塔和废墟。

墨西哥

第四名: 中国

SHEN MI DE WAI XING REN

中国与外星人和平共处的历史很悠久, 甚至可以追溯到几千年以前。古代神话所讲的飞行器有时由人, 但更经常由神制造。一些UFO专家, 特别是德国著名神秘现象调查员哈特维希·豪斯多夫, 曾推测中国神话中的龙可能就是指外来飞行物。中国皇帝偶尔骑在飞行的龙背上上天, 神本身就是龙的后人。皇帝和龙飞到天上就可以长生不老。哈特维希·豪斯多夫甚至表明, 整个中华文明都建立在外星生物文化上。近年很多人都在公开谈论他们的亲密接触, 真相终于被发现。中国也是外星人光顾的好地方。

阿尔泰山区

第三名: 俄国

　　俄罗斯军方对于不明飞行物的困扰和美国空军一样。在冷战的黑暗日子里，美国许多人都指责苏联基于纳粹"飞碟"计划的飞行试验，苏联人以牙还牙的反击。俄罗斯与中国边境（阿尔泰山）被认为是世界上不明飞行物活动最活跃的地区之一。当地居民总能在天空中看到奇怪的灯光。遗憾的是，这样的偏远荒野位置，目击者无法及时报告并几乎无法核实。

　　当然，俄罗斯UFO专家面临的最大问题是政府和军方对信息的严格控制。

但幸运的是，现在一切发生了变化，俄罗斯的飞碟历史终于被发现。2009年俄罗斯海军解密档案揭示了追溯到苏联时期的飞碟目击事件。该文件解释了不明飞行物覆盖了俄罗斯潜艇，浮出水面，然后将他们带上天。

　　海军解密文件中最令人难以置信的故事，讲述了1982年贝加尔湖上遇到外星人的事。一群军事潜水员正在湖中训练，在50米深的水下遇到了穿着银白色西装的人形生物。潜水员追截，在随后的水下混战中3人丧生。

第二名: 巴西

巴西的外星人目击事件最让人不安，不只是因为他们与山羊吸盘密切关联，更是因为巴西的亲密接触往往会严重伤人。以科拉雷斯飞碟为例，受害者被强大的激光束攻击，留下了辐射灼伤和刺伤。

巴西

也许最令人不寒而栗的事，就是巴西政府和武装被迫对不明飞行物动武。在1996年当不明飞行物蜂拥而至，瓦尔任阿市的巴西空军战斗机紧急升空，警察、消防队和军队动员起来，据说捕获两个外来生物。虽然这一事件的细节保密，巴西空军还是发布了大量关于UFO的资料，包括所谓的"不明飞行物之夜"，令人难以置信的是在此期间，战斗机拦截了20架不明飞行物。

巴西

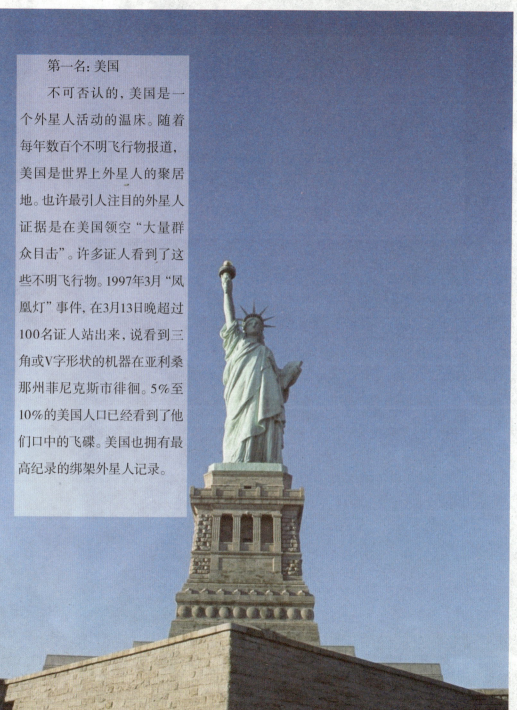

第一名: 美国

　　不可否认的, 美国是一个外星人活动的温床。随着每年数百个不明飞行物报道, 美国是世界上外星人的聚居地。也许最引人注目的外星人证据是在美国领空"大量群众目击"。许多证人看到了这些不明飞行物。1997年3月"凤凰灯"事件, 在3月13日晚超过100名证人站出来, 说看到三角或V字形状的机器在亚利桑那州菲尼克斯市徘徊。5%至10%的美国人口已经看到了他们口中的飞碟。美国也拥有最高纪录的绑架外星人记录。

外星人真的存在吗?

外星人E.T.,是人类对地球以外智慧生物的统称,现在人类还不确定是否有外星人或外星生物的存在。1977年9月5日发射的"旅行者"1号探测器,是人类第一次以科学的方法尝试联系"外星智慧"。同时,科学家们试图从概率学的角度推导外星人存在的可能性。

一百万个机会 ＞

　　生命只出现在能发出光和热的恒星周围的行星上，但并非所有恒星都必然带有行星。星云说认为，恒星是从自转着的原始星云收缩形成的。收缩时因角动量守恒使转动加快，又因离心力的作用星云逐渐变为扁平状。当中心温度达700万℃时出现由氢转变为氦的热核反应，恒星就诞生了。盘的外围部分物质在这过程中会凝聚成几个小的天体——行星。

　　生物的进化是一种极为缓慢的过

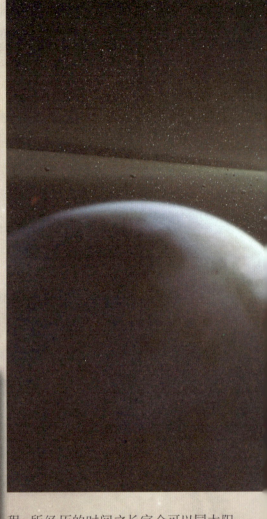

程，所经历的时间之长完全可以同太阳的演化过程相比。化石的研究发现，早在35亿年前地球上就已有了一种发育得比较高级的单细胞生物，称为蓝绿藻类。根据恒星演化理论以及对地球上古老岩石和陨星物质的分析知道，太阳和地球的形成比这种生物的出现还要早10-15亿

中形成的。3、4月份出现了蓝绿藻类这种古老单细胞生物。之后，生命在缓慢而不停顿地进化。9月份地球上出现了第一批有细胞核的大细胞，10月下旬可能已有了多细胞生物。到11月底植物和动物接管了大部分陆地，地球变得活跃起来。12月18日恐龙出现了，这些不可一世的庞然大物仅仅在地球上称霸了1个星期。除夕晚上11时北京人问世了，子夜前10分钟尼安特人出现在除夕的晚会上。现代人只是在新年到来前的5分钟才得以露面，而人类有文字记载的历史则开始于子夜前的30秒钟。近代生活中的重大事件在旧年的最后数秒钟内一个接一个加快出现，子夜来临前的最后一1秒钟内地球上的人口便增加了两倍。

由此可见地球诞生后大部分时间一直在抚育着生命，但只有很短一部分时间生命才具有高级生物的形式。

我们看到，智慧生物的诞生要求恒星必须至少能在约50亿年时间内稳定地发出光和热。恒星的寿命与质量大小密切相关。大质量恒星的热核反应只能维持几百万年，这对于生命进化来说是远远不够的。只有类似太阳

年。太阳系形成后大约经过50亿年之久地球上才有人类。

现在设想把每50亿年按简单比例压缩成1"年"。用这样的标度1星期相当于现实生活的1亿年，1秒钟相当于160年。从宇宙大爆炸起到太阳系诞生，已经过去了大约2年时间。地球是在第3年的1月份

质量的恒星才是合适的候选者，银河系内这样的恒星约有1000亿颗，除双星外单星大约是400亿颗。单星是否都有行星呢？遗憾的是我们对其他行星系统所知甚少，但是确已通过观测逐步发现一些恒星周围可能有行星存在。考虑到太阳系客观存在，甚至大行星还有自己的卫星系统，比如太阳系中的木星。不妨乐观地假定所有单星都带有行星。有行星不等于有生命，更不等于有高等生物。

关键在于行星到母恒星的距离必须恰到好处，远了近了都不行。由于认识水平所限我们只能讨论有同地球类似环境条件的生命形式，特别要假定必须有液态水存在。太阳系有八大行星，但明确处在能有条件形成生物的所谓生态圈内的只有地球。金星和火星位于生态圈边缘，现已探明在它们的表面都没有生物。

对一颗行星来说，能具有生命存在所必须满足的全部条件实在是十分罕

见的。太阳系中地球是独一无二的幸运儿。详细计算表明，在上述400亿颗单星中，充其量也只有100万颗的周围有能使生命进化到高级阶段的行星。

另一个限制条件是地外生命应该与地球上生命有类似的化学组成。天文观测表明，除少数例外，整个宇宙中化学元素的分布相当均匀，因而完全有理由相信在遥远行星上也能找到构成全部有机分子所需要的材料。事实上已经在不少地方发现了许多比较复杂的有机分子。因而可以认为，生命在某个地方只要理论上说可以形成，实际上也确实会形成。于是银河系中就会有100万颗行星能有生命诞生，不过每颗行星上的生命应当处于不同的进化阶段。

古往今来，许多人目击了UFO，但对它的研究却没什么太大的进展，因此很多人对这一现象很困惑，或者根本不相信存在UFO。可是很多科学家认为飞碟

这一现象是真实存在的，它不是什么伪科学，只是由于科学技术的限制，暂时还不能完全认识它。

对于目前外星人的存在情况，科学家们提出了种种可能的设想，这些设想很大胆，现在看来也很离奇，但是谁又能责怪人类的想象力呢，也许这些幻想有一天会变成可观的存在。但是如果我们为100万这个大数目感到欢欣鼓舞的话，认为找到外星人不成问题，那就高兴得太早了。对于地外高级生物只有当能同他们建立联系时才有意义。就人类目前的认识来看，无线电讯号是建立这种联系的唯一可行的途径，因而必须进一步探讨有多少个行星上居住了有能力发送这种讯号的文明生物。如果他们从存在以来一直在发送这种讯号，那就应该有100万个正在进行无线电发播的行星。但事实上不要说藻类，就是人类在100多年前也还没有这种能力。另一方面，技术已遭到破坏，以及本身已遭到毁灭的生命形态也是不会这样做的。请不要忘记，差不多在能发射无线电讯号的同时，人类也研制成了大规模核武器，它们足以把地球上全部生物彻底毁灭掉。外星人会不会为失去理智的战争狂所支配而毁掉自己呢？这种可能性也许不能完全排除。

让我们又一次乐观地认为外星人有能力、有理智解决那些我们所担心的问题，并假定他们在和平繁荣的环境中生活了100万年。由于科学技术极为发达，生活充分富裕，他们必然会想到、也完全有能力耗费巨资来从事有重大意义的开创性研究，其中包括试图同外部世界同类建立联系。他们在100万年内不停顿地向外界发送强有力的无线电讯号。这么一

发送讯号

来在上述100万颗行星中，就有一小部分正在发播这种讯号，这部分所占的比例是100万年除以40亿年，即0.025%。这意味着目前正在发送讯号的只有250颗。如果它们均匀地分布在银河系中，则相邻2颗之间的距离约为4600光年。人类发出的讯号要经过4600年才能送到离我们最近的外星人那儿。如果他们收到了并随即发出回答，那要收到他们的回音我们还得再耐心地等上9200年！奥兹玛计划的联系对象离开我们只有十几光年，这样做实在没有多大意义。要使计划变得有实际意义，必须监听4600光年范围内每一颗类似太阳的单星是否在发出有含义的讯号。

要是更实际一点，想想人类有历史记载的只有4000年。如果外星人只是在4000年长的时间内有能力进行无线电发播，那么今天在向外界播发讯号的就只有1颗行星！于是，整个银河系中除地球外充其量也就再有一种文明生物在发送讯号，我们用射电望远镜在银河系内留心倾听这种讯号的种种努力就完全是徒劳的无功之举！

读者也许会为这一结论深感失望。那么实际情况同这里所估计的会有多大差异？上面的讨论中有许多不确定因素。每颗单星周围都有行星吗？生命是否只能在地球这样的环境下诞生？还有，实际上我们并不知道一种智慧生物到底能生存多久，他们能一直生存下去吗？这些问题恐怕在相当长时间内还无法作出明确的回答。然而原始人又何尝想到今天的大型客机、彩色电视、快速电子计算机和登月飞行呢？只要人类能在和平繁荣的环境中一直生活下去，科学的发展会逐步回答这些问题。不过就目前来看，外星人即使存在，我们也暂时无法同他们进行有效的联系。

尼古拉·谢苗诺维奇·卡达谢夫1932年4月25日出生于莫斯科，是俄罗斯（前苏联）的天体物理学家，曾任俄罗斯空间研究院宇宙研究所副所长，俄罗斯科学院院士。

卡达谢夫1955年毕业于莫斯科国立大学，后在伯格天文研究所师从史克劳夫斯基，在1962年获得博士学位。

卡达谢夫1976成为苏联科学院普通物理和天文学部副院士，1994年成为俄罗斯科学院院士。

1963年卡达谢夫开始研究类星体CTA—102等，并第一个提出为外星智能（搜寻地外文明）分类的建议。在这项工作中，他提出了一些想法，也许可以重新认识数百万或数十亿个地球外甚至银河外文明，他创建了卡达谢夫宇宙文明分类法，以及文明的类型。在搜寻地外文明方面，俄罗斯早于美国就已经提出一些类似的方案。在苏联，其他著名专家还有弗塞沃洛德和史克劳夫斯基（卡达谢夫的导师）。

1964年，卡达谢夫提出了卡达谢夫标度，作为衡量一个文明的技术水平的方法。该标度只是理论性的，而且它衡量的对象，即高度进化的文明，也只处于人类的推测之中，并不曾有人亲见亲历，但是这个标度的意义在于，它从宇宙的角度来考量整个文明的能源消耗量：

·Ⅰ型文明：能够调集与地球整个输出功率（当时他的估计，地球的功率输出约为10的15次方瓦—16次方瓦）相当的能量用于通讯。现在我们能够在一天之内环绕我们的地球，了解到地球上发生的事件，并且还可以离开地球到月亮上做闪电式访问。

·Ⅱ型文明：能够把相当于一颗典型恒星的输出功率（10的26次方瓦）用于通讯。

·Ⅲ型文明：用于通讯的功率达10的36次方瓦，约等于整个典型星系的功率输出。

截止到2011年，地球文明只能大致定为0.72型——连Ⅰ型都未达到。不过考虑到1900年的时候我们还是0.58型的文明，未来一两百年，人类进入Ⅰ型文明是可以指望的。

另外美国天文学家卡尔·萨根建议，可以将1型文明按能量尺度分为10个次型，即以10的16次方瓦为1.0型，10的17次方瓦为1.1型，10的18次方瓦为1.2型，等等。这三种文明类型并非不可超越，但由于它们有质的区别，可以想象这种过程将是非常漫长而困难的。

在或者不在，这是一个问题 ＞

虽然有概率学的结论支持外星人存在的可能性，但是这个神秘访客神龙见首不见尾的行事作风，还是让科学界充满争议，毕竟概率上的存在不能替代真实的存在。于是在与不在成为了科学界一个争论不休的话题。

一、美国伊利诺伊州费米加速器国家实验室的詹姆斯·安妮斯博士："地球上之所以还没有外星人，是因为他们在有可能到达地球之前，就被伽马射线杀死了。"

安妮斯博士说，外星人尚未到达地球的原因是伽马射线爆发的强辐射阻止了星际旅行，只是直到最近，我们的银河系才为生活于太空中的生命提供了繁荣发展的机会。

安妮斯说，直到几亿年以前，我们的银河系还经常受到伽马射线爆发的辐射：使恒星碰撞和黑洞都释放出大量致命射线。只是到了现在，这些碰撞才变得稀少起来，外星生命才有可能出现，并从自己居住的行星旅行到相当遥远的地方。

安妮斯希望，在英国《新科学家》周刊上提出的理论能够解决有关外星生命是否存在的最著名的争论之一——费米悖论。这个悖论是根据意大利裔物理学家恩里科·费米这位诺贝尔奖获得者的名字命名的。据说费米在20世纪50年代提出了这个悖论，其要点是：如果外星人确实存在，他们在什么地方呢？

这个问题之所以具有说服力，是因为它是基于我们银河系的两个事实：一是银河系非常古老，已有约100亿年的年龄；二是银河系的直径只有大约10万光年。所以，即使外星人只能以光速的千分之一在太空旅行，他们也只需1亿年左右的时间就可横穿银河系——这个时间远远短于宇宙的年龄。所以，外星人究竟在哪里呢？

费米显然把这个理由当成了根本不存在外星人的证据。如今安妮斯则声称发现费米的这个推论存在一个漏洞：外星人很可能存在，但只是直到最近伽马射线的爆发周期才越来越长，从而为外星人提供足够的时间间隙作星际旅行。

物理学家恩里科·费米

二、英国科学家保罗·保罗·戴维斯："外星人之所以迟迟不露面，是因为地外生命并不存在。"

戴维斯则讨论了"生命种源传播"的假设，即地外智慧生物不一定要用活体来进行星际航行，可以用高智能的机器人携带生命种源（存放在绝对零度环境下）乘搭宇宙飞船进行生命传播殖民，如此一来即可避免星际航行中宇宙伽马射线、接近光速航行所需惊人能量以及生命年龄有限的障碍。只要在航行所需能源充足的情况下，这种"生命种源传播"方式即可得到实现，据此推理得出在宇宙漫长的时间历程里，高智慧生命应该几乎遍布了整个宇宙中适宜生存的行星，并存在着广泛的星际交往，包括地球在内。然而事实上地球并没有接收到外星生命的信息，因此有科学家据此得出结论：外星人之所以迟迟不露面，是因为地外生命并不存在。

可见，对地外生命是否存在一说，至今科学家们依旧未能统一意见或拿出确切的证实或否定证据。不过，目前外星人研究不再是科幻而是一门前景诱人的交叉学科——天体生物学的重要课题。

依据对于外星人的研究，其实也是

统计学的一部分, 据科学家观测, 整个银河系大约有100亿颗左右的恒星, 而整个宇宙大约有100亿个左右的银河系。我们假设出现生命体的概率是1/1000亿那么依然会有亿万行星上会有生命体出现。

许多人认为时空旅行是不可能实现的, 毕竟星际之间的距离是以光年计算的。可是他们忽略了一个问题, 那就是19世纪中期, 科学家认为55Km/h是人类所能达到的最大极限速度, 可是现如今, 我们已经远远地把音速抛在了身后, 且只用了区区不到200年的时间。那么为什么不能在这1亿颗可能出现生命体的行星上, 有某个种族超越了人的智慧, 发明并且掌握了星际旅行的方法。(比如说反物质的应用)从而来到地球呢? 虽然科学家们一直都在争论黑洞存在与否, 毕竟从天文学的角度, 黑洞是不可能被常规望远镜观测到的, 但是绝大部分天文学家还是相信射电望远镜观测的结果, 认为的确有这种连光都可以吸纳的天体存在。

也许我们不曾看到过外星高智能生物, 但是单凭眼睛和"古老的"科学技术就武断地以为并不存在外星人, 未免有失科学严谨的风范。

望远镜

主要假说 >

　　虽然至今为止都没有找到关于外星人存在的可靠证据,但是研究者们探索的脚步从未停止过,从理论到实践,我们一直在努力。

• 地下文明说

在一些科幻电影里，说的是地球上是人类进化的天堂，但是在地球内部却存在另一个由进化后的昆虫统治的文明世界，最终地下的昆虫为了地上的生存权与人类开始了战争。据悉，美国的人造卫星"查理7号"到北极圈进行拍摄后，在底片上竟然发现北极地带开了一个孔。这是

不是地球内部的入口？另外，地球物理学者一般都认为，地球的重量有6兆吨的上百万倍，假如地球内部是实体，那重量将不止于此，因而引发了"地球空洞说"。一些石油勘探队员在地下发现过大隧道和体形巨大的地下人。我们可以设想，地球人分为地表人和地内人，地下王国的地底人必定掌握着高于地表人的科学技术，这样，他们——地表人的同星人，乘坐地表人尚不能制造的飞碟遨游空间，就成为顺理成章的事了。

这个理论的荒诞在于地球根本不是空心的。所有有关地球空洞的说法都是谣言和假新闻。地球是太阳系中密度最大的星体，如果内部真的有个巨大的空洞，地球的质量绝不可能达到这个数字。更何况地球拥有很强的磁场，行星强磁场（恒星磁场产生机理和行星不同）意味着具有一个巨大的铁质核心，这就彻底排除了地心空洞的可能。

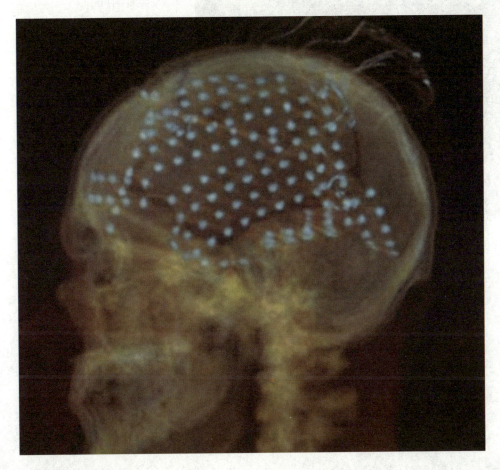

• 杂居说

　　该观点认为，外星人就在我们中间生活、工作! 研究者们用一种令人称奇的新式辐射照相机拍摄的一些照片中，发现有一些人的头周围被一种淡绿色晕圈环绕，可能是由他们大脑发出的射线造成的。然而，当试图查询带晕圈的人时，却发现这些人完全消失了，甚至找不到他们曾经存在的迹象。外星人就藏在我们中间，而我们却不知道他们将要做什么，但没有证据表明外星人会伤害我们。这个理论就如同信徒无法证明神的存在一样，把所有需要证明的部分都推给了不可证明的原因。

• 人类始祖说

有这么一种观点：人类的祖先就是外星人。大约在几万年以前，一批有着高度智慧和科技知识的外星人来到地球，他们发现地球的环境十分适宜其居住，但是，由于他们没有带充足的设施来应付地球的地心吸引力，所以便改变初衷，决定创造一种新的人种——由外星人跟地球猿人结合而产生的。他们以雌性猿人作为对象，设法使她们受孕，结果便产生了今天的人类。

事实上人类的基因演化是很规律的，并没有大量新型基因在极短时间内（相对于地质时间）爆发性的出现，更重要的是，猿人的存在时间要早得多，数万年前人类早就成型了，如果外星人对此做了什么干涉的话，那应该是在距现在 400 万年以上的时代，地质跨度在 200 万年以上，这个数字又太大了，绝不是高科技的结果。

• 平行世界说

我们所看到的宇宙（即总星系）不可能形成于四维宇宙范围内，也就是说，我们周围的世界不只是在长、宽、高、时间这几维空间中形成的。宇宙可能是由上下毗邻的两个世界构成的，它们之间的联系虽然很小，却几乎是相互透明的，这两个物质世界通常是相互影响很小的"形影"状世界。在这两个叠层式世界形成时，将它们"复合"为一体的相互作用力极大，各种物质高度混杂在一起，进而形成统一的世界。后来，宇宙发生膨胀，这时，物质密度下降，引力衰减，从而形成两个实际上互为独立的世界。换言之，完全可能在同一时空内存在一个与我们毗邻的隐形平行世界，确切地说，它可能同我们的世界相像，也可能同我们的世界截然不同。可能物理、化学定律相同，但现实条件不同。这两个世界早在150~200亿年前就"各霸一方"了。因此，飞碟有可能就是从那另一个世界来的。可能是在某种特殊条件下偶然闯入的，更有可能是他们早已经掌握了在两个世界中旅行的知识，并经常来往于两个世界之间，他们的科技水平远远超出我们人类。

55

• 四维空间说

有些人认为，UFO 来自于第四维。那种有如幽灵的飞行器在消失时是一瞬间的事，而且人造卫星电子跟踪系统网络在开机时根本就盯不住，可以认为，UFO 的乘员在玩弄时空手法。一种技术上的手段，可以形成某些局部的空间曲度，这种局部的弯曲空间再在与之接触的空间中扩展，完成这一步后，另一空间的人就可到我们这个空间来了。正如各种目击报告中所说的那样，具体有形的生物突然之间便会从一个 UFO 近旁的地面上出现，而非明显地从一道门里跑出来。对于这些情况，上面的说法不失为一种解释。这两个理论的荒诞在于，现在已经证明除了二维和三维空间，其他所有的维度都卷曲得厉害。

• 未来生命说

有些科学家认为，现在所谓的外星人，即为人类世界的未来人。有数据表明，人类在近百年来进化程度比原始时期更加迅速。我们也不能否认，也许当人类进化到几亿年以后，就成为今天所说的外星人的模样，并且掌握了穿越时空的技术，来到现在的人类世界。

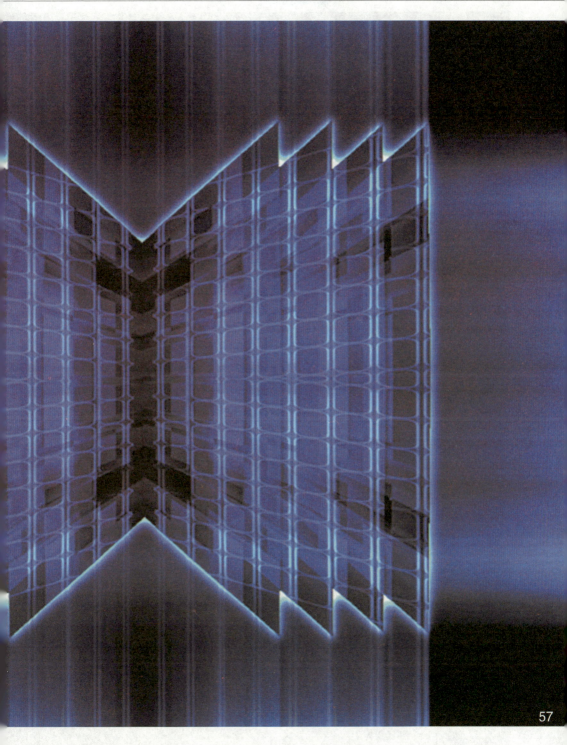

· 最热烈的讨论——玛雅文明

在各种学说充斥的外星人研究中，被谈论得最多、最热烈的莫过于玛雅文明了，这个在地球上空前繁荣而后突然消失的文明给我们留下了太多的未解之谜，而这在研究者的眼里都是外星人留下的痕迹。

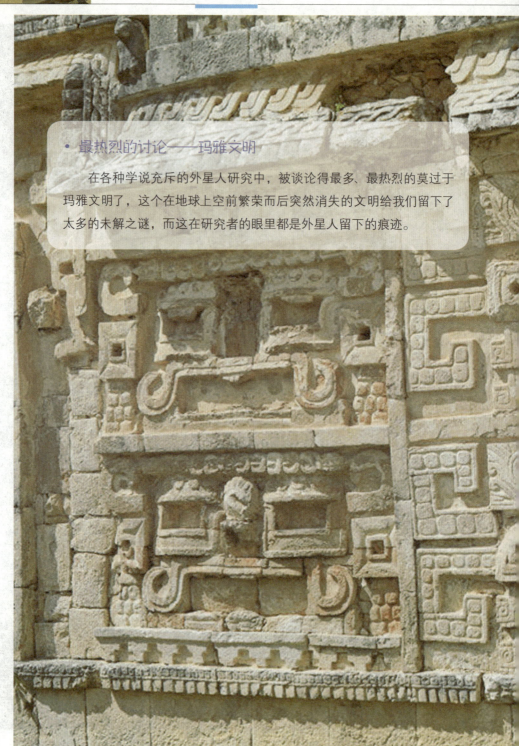

• **编年史之谜**

1582 年，西班牙殖民者来到这片土地上。玛雅人派译者佳觉来联络，并向西班牙人介绍自己民族的文明。西班牙随军主教迭戈德·郎达听完后大惊失色，他被玛雅典籍中所记载的历史吓坏了，认为是"魔鬼干的事情"。在向上天祈祷后，竟残忍地下令将记载玛雅历史文明的、用象形文字书写的珍贵文献全部焚烧，并将掌握玛雅文字的僧侣全部处死。经过这场浩劫后，玛雅人留下的遗产只有《德累斯顿手稿》《巴黎手稿》《马德里手稿》《格罗里耶手稿》等 4 种原始文献和一些石碑、雕刻。然而就是这一点遗产，几百年来也使专家和学者们伤透了脑筋。至今人们也未读懂这些天书般的文献。

20 世纪 50 年代后，为了更深入地研究玛雅文化，美国和前苏联都投入了大量的人力和物力，使用了先进的仪器包括电子计算机在内的各种破译方法和手段，同时结合石刻和印第安人的传说，但也仅仅破译出其中的 1/3。

在奎瑞瓜山顶有一块刻有象形文字的玛雅石碑，考古学家们根据已认出的玛雅文字，意外地破译出这是一部玛雅人的编年史，内容记载的是公元前 4 亿至 9000 万年之间发生的事情。科学家们无不惊诧。是啊！谁都知道，地球上的古猿是在 100 万年前出现的，人类的文明也仅有 5000 年，4 亿年前，还处于中生代的地球留下了谁的印迹？玛雅编年史究竟记载了谁的历史？是史前文明社会还是外星人？难怪西班牙殖民者们认为是"魔鬼干的事情"。

持"重复文明"观点的学者们推测：在地球 50 亿年演化中，地球上的生物经历了 5 次大灭绝，生生死死，周而复始，因而地球上出现过多次高级文明社会，玛雅人就是其中之一。

• 天文历之谜

玛雅人留给后人的另一个谜团就是天文历。

考古学家们在译完编年史之后，又奇迹般地破译了玛雅人的天文历。玛雅文化中有着十分优秀的天文知识，其历法非常精确。他们知道地球年是 365.242129 天（今天准确的计算为 365.242198 天），与现代相比仅差 0.000069 天。他们还准确地计算出金星年是 584 天（即会合周期）。如果按他们的方法去推算金星的运转周期，1000 年仅差 1 天。并且他们还找出了纠正太阳历和太阳历积累误差的方法。玛雅人的天文计算可以维持 6400 万年。人们实在不明白，这个原始民族如何有这么丰富的天文知识？

尽管玛雅人有如此精确的地球年，但他们极为重视他们那个一年有 13 个月、每个月有 20 天的奇怪历法——卓尔金年历法。谁都知道，这个一年为 260 天的日历在地球上是毫无用处的。玛雅人的卓尔金年究竟蕴藏着什么含义？有些学者们认为这个历法很可能是外星球的历法，是玛雅人祖先从外星移民地球时带来的遗产。

在的的喀喀湖畔的高原上，有一片玛雅人生活过的古城废墟，里面有座用整块红色砂石岩凿成的巨大神像，神像上刻着一幅完整的星空图和上百个符号文字。经天文学家译读，发现那幅星空图竟然准确地描绘出了 2.7 万年前的古代星空；神像上那奇怪的符号，记叙着深奥的天文知识，这些天文知识足够现代人类使用 6000 万年！这些知识是我们现代人类所未掌握的，数万年前的古玛雅人是怎样掌握了这些超现代人类的天文知识？

• 地球北纬30度

在中美洲的尤卡坦半岛上，现存有揭示玛雅文化的 9 座金字塔。这些金字塔同埃及最早的几座金字塔相比，就像孪生姐妹。使考古学家惊奇的是，玛雅人金字塔的方位计算得相当准确：天狼星的光线经过南墙的气流通道，直射到长眠于上面厅堂中的死者头部；北极星的光线通过北墙的气流通道，径直射进下面的厅堂里。没有对地球的构造及天狼星、北极星等深奥的天文地理知识的充分了解和掌握，怎么会有这么多巧合？

细心的史前探索家们发现，地球上的金字塔都处在北纬 30 度上，把这些地球上的诸多神秘现象连在一起，便构成了地球上北纬 30 度之谜：沿尤卡坦半岛玛雅人的金字塔向东跨越 60 度便是大西洋的一个神秘地方——百慕大魔鬼三角区，并且在海底深处人们已发现了巨大的金字塔，同时这里又是史前文明古国亚特兰蒂斯王国失踪的地方；再向东移 60 度就是埃及著名的金字塔群，这里的史前文明遗迹和超自然神秘现象更是数不胜数；继续东移 60 度你便发现正和世界屋脊——我国西藏首府拉萨不期而遇。值得注意的是在这里（指喜马拉雅山和印度交界的山峪中）人们同样发现了巨大的金字塔，并且有人研究指出，拉萨至今保存着能揭开人类文明奥秘的钥匙。这便是地球北纬 30 度之谜。

百慕大魔鬼三角区

考古学家在墨西哥帕伦克的铭文殿金字塔里发现一了个玛雅人的古墓，古墓的石礅里，存放着一具遗骨。在石墩盖上，有一个像火箭剖面的图案。图案中有个手握操纵杆的人，活像现代宇航员。这个"宇航员"却十分特殊，他的鼻子直达前额，

传授给他们很多知识。

人们一向认为金字塔是古代法老及酋长的坟墓，然而19世纪人们从玛雅人的金字塔里发掘出了很多稀奇古怪的东西。经过考证分析已有一部分被辨认出来，原来是一些精制的透镜、蓄电池、变压器、太阳系模型碎片、不锈钢和其他不知什么合金制造的机

宛如长楔。在碛中殉葬的玉像以及当地青年战士和中年妇女的雕像上，都有着这样一个长鼻子。到目前为止，地球上还没有发现这样的人种。然而在玛雅人古老的传说中却有"额鼻人"的故事。据说一些"额鼻人"驾着喷着火焰的飞行器从天而来。

械、工具等。看来，金字塔很可能是玛雅人祖先的物资仓库。从其物品所代表的文明程度来看，它们并不亚于我们现代的文明，从中我们可以窥视史前文明的发展程度。

• 古隧道之谜

20 世纪 70 年代，人们在南美洲发现了一条玛雅人的古隧道，据估计它至少有 5 万多年的历史，而实际上它的年代更为古远。这条隧道离地面 250 米深，仅在秘鲁、厄瓜多尔境内就有数百里长。隧道的秘密入口由一个印第安部落（古代玛雅人的后裔）把守着。他们说，这里是"神灵"居住的地方，他们遵守祖训，世世代代守在这里。

在古隧道里，考古学家发现了许多远古文物，这些物品放在隧道里的许多洞穴中。更使考古学家们兴奋的是一些刻有符号和象形文字的金属叶片以及不同形状和色彩的石器和金属制品。遗憾的是直到现在还没有人能破译这些文字。

隧道的穴壁光洁平滑，似乎经过磨光，与地面成直角。穴顶平坦，像涂了一层釉，不像是天然形成，而像是某种机械削切的结果。隧道中有个"大厅"，长 164 米，宽 153 米，里面放着像桌子、椅子似的"家具"。奇怪的是这些物品的材料很特殊，既不是钢铁、石头，也不是塑料和木材，而它又如钢铁和石头那样坚硬和笨重，在地球上至今没有发现过这种材料。"大厅"里面有许多金属叶片，大多在长约 100 厘米，宽 50 厘米之间，厚度约 2 厘米，一片一片排列着，像是一本装订好的书。金属片上都写有很多符号及象形文字。据专家认定那些符号是机器有规律压印上的结果，目前已发现 3000 多片。

隧道里还有许多用黄金制作的图案，其中有两块雕刻的是金字塔。每个金字塔旁边都刻着一排符号，还有一个用黄金雕刻的柱子，这个柱子长 52 厘米，宽 14 厘米，厚 3.8 厘米，柱子上刻有 56 个方格，每个方格里都有奇怪的符号。

古代玛雅人为什么开凿如此工程浩大的隧道？里面的物品及文字又隐藏着什么样的秘密？

无独有偶，早在 20 世纪 40 年代，美国人拉姆在墨西哥的恰帕斯州密林考察时就发现了一条远古隧道；英国考察队在墨西哥马德雷山脉也发现了地下隧道，这条隧道可通往危地马拉。每当拂晓，地下隧道发出敲鼓一样的声音，声震远方；前苏联阿塞拜疆也发现了一条古代地下隧道，隧道里有一些 20 米多高的大厅，还有很窄的拱形门。据说洞中不时发出奇妙的声音和光。

据考古探测和远古文献记载，考古学家推断地球上很可能有一条穿越大西洋底，连接欧、亚、美、非的环球地下隧道，这些古隧道又很可能是古代玛雅人的杰作。

玛雅历法

• 玛雅星之谜

在玛雅人残存的 4 部珍贵文献中，我们知道了玛雅人有 3 种历法，即地球年、金星年和卓尔金年。地球年和金星年已在太阳系中为现代人类所知晓，唯独卓尔金年使科学家们大伤脑筋——它到底代表着什么？许多科学家苦思冥想着这个令人费解的问题。地球绝不会在一年里自转 260 圈。这就说明卓尔金年绝不是地球自转的实际情况。

有科学家提出卓尔金年和地球年、金星年同样也是计算一个星球的运转周期，可在我们太阳系里又找不到这颗星体。据推测如果这颗星体存在的话，也将处于地球和金星之间。令人惊奇的是，科学家们在地球与金星之间发现了一条陨石带。所以很多人认为，在十分古远的年代，太阳系确实存在着一颗每年旋转 260 圈的星体，一些热衷于外星人和 UFO 的学者们干脆把这条陨石带称为"玛雅星"。

学者们是这样解释的：在数亿年前，玛雅星上曾拥有高度的文明社会，他们的文明已远远超过我们的现代文明，后来因为宇宙的变化及星体内部的热量膨胀，这颗星体爆炸了。它上面的部分居民在仓促间带着少许的科技知识移到地球上来，给地球带来了繁荣。后来，由于地球上的火山爆发、彗星撞击、大洪水以及地球脱离轴心后疯狂地旋转，使玛雅人再次遭到灭

顶之灾，也就造成其文明的中断。卓尔金年历法就是他们祖先从玛雅星带来的。

在玛雅文化的一些传说和古老的雕刻中，多处有"白色太阳子孙们"双手喷火、伴随风吼雷鸣来到人间的情景，以及一些身穿连身服（宇宙服样）的人操纵机械落地的场面。而有趣的是，与玛雅古代雕刻相似，在非洲西部有一个生产力非常低下、文化极端落后的原始部落——多根。多根人却有着惊人的天文知识：

他们不但知道天狼星，而且还知道天狼星的伴星提天狼星β，这是一颗用肉眼无法看到的星星，19世纪才被科学家用望远镜观察到。奇怪的是，他们甚至知道这颗伴星的椭圆形轨道和围绕天狼星运转的周期。多根人中也流传着一个有关宇宙飞船着陆的神话故事，至今他们还保存着这张图画。画的是神驾驭着一艘拖着火焰的飞船从天而降的场面。你能说这也仅仅是巧合吗？

• 雕刻之谜

玛雅人的雕刻和壁画是玛雅文化中的一个重要组成部分，现在所破解的玛雅文化几乎都是从其中得到的启发，然而又有很多古怪的雕刻同样给后人留下了千古谜团。

在玛雅古城的废墟中，史前学家们曾发现了一个奇怪的石刻，据测定是3万年以前的物品，现今存放在秘鲁国立大学博物馆里。石刻上是一个古代玛雅人手持管状物，贴放在眼前，朝向天空。玛雅人手持的管状物引起天文学家的极大兴趣。因为这个物品和现代望远镜极为相似，又有人干脆将那管状物直接称为玛雅人的望远镜。然而我们都知道，第一架望远镜是17世纪中期发明的，距今只有300多年的历史。那么3万年前古代玛雅人使用的是什么人发明的望远镜呢？

在玛雅文化的重要古城巴林卡遗迹中，有一幅雕刻在金字塔石板上的壁画，画面是一个人形坐在一个"鱼"形装置里，手里似乎紧握着操纵杆状的机械，"鱼"前端有处开口，飞行时纳入空气，"鱼"的尾部喷着许多火焰。这个图画表示鱼形火箭在向前飞行。在玛雅人生活过的阿亚库乔港的一片茂密的丛林中，有一块3000平方米的巨石。每到早晨，旭日东升，阳

光从某一个特定角度照
来，这块巨石上就会显
示出很多奇怪的图像。
等太阳升高，角度转移，
这些图像又随之消失。
显然，当年雕刻这些图
画的玛雅人是很精通光
学原理的。他们根据光
的照射角度，巧妙地掌
握了雕刻的角度和深度，
使人们只能在特定光照
角度才能看到这些雕像。
这些图像共有7幅，其
中已辨认出的有大蛇、
大钟，以及穿着特殊装
束戴着武士盔甲形态的
怪人。

玛雅人留下的雕刻
还有很多，我们就不再
一一列举，从这些雕
刻中我们能想到些什么
呢？

玛雅文明毁灭了，毁灭在我们地球人的战争之中。玛雅文明毁灭了，
它留给我们的是遗憾和神奇！我们的考古学家正在那一片片古老的废墟中
苦苦研究和求索，希望从那里发现奇迹——寻找到真正解开玛雅文明的
钥匙，去解读那些用隐喻、难懂的象形文字写的珍贵文献的奥秘，去破译
这些远古文明。

科学探索寻找地外生命 ＞

作为探索宇宙奥秘工作的一个部分，科学家也在积极地探索地球以外的生命，也在积极搜寻有没有外星人的信息。这种科学的探索早在上个世纪50年代就开始了。

1959年，科可尼和莫里森两人合写了一篇文章，登在英国著名的《自然》杂志上。文章说根据他们的计算，如果宇宙中别的地方有智慧生命，而且它们的科学水平和我们1959年的水平相当。那么，它们应该可以收到地球人发射的无线电信号。同样，如果它们想向我们发射无线电信号，我们也可以收到。尽管距离极其遥远，需要几千、几百年才能交谈一句话，但是毕竟是可以交流的。他们俩还研究了进行星际无线电波交流的最佳波长，这个波长是氢原子的21厘米波长。因为，氢是宇宙中最丰富的元素，而且它的21厘米波长也容易探测到。

这篇文章大大地激发了人们探测地外文明的热情，增强了人们的信心。因为它告诉我们，只要有外星人，只要外星人的科技水平和我们差不多，我们之间就可以互相交流。这篇文章是科学的探测外星人的开始。

人类已经在地球上生活了两三百万年。从前，人类以为自己是万物之灵，宇宙间唯一有智慧的生命，甚至认为地球是整个宇宙的中心。后来，随着科学技术的进步，人们的眼界开阔了，才懂得宇宙的广大无边，它远远超越了我们的想象，而地球实在是太小了，当然更不是宇宙的中心。于是们想象：宇宙这样宽阔，或许其他星球上会生活着一种与人类相似的智慧生物——外星人。这样的想法深深地吸引了一些热衷于寻找外星人的人们。

16世纪，有人用望远镜观测火星时，发现了许多互相交错的网纹，便以为那是"火星人"开凿的"运河"。1935年，美国一家电台广播说火星人来到了地球，引起了一场虚惊。而英国一位作家创作了一本名为《大战火星人》的科幻小说，其中对火星人作了许多绘声绘色的描述，更引发了一系列有关"火星人"的小说和电影的诞生。

到底有没有火星人?在只有望远镜的时代,它一直是个谜。到了20世纪60年代,探测飞船终于上到了火星,解开了这个一直困扰人们的谜:火星比地球冷得多,表面到处是泥土石块,经常狂风大作,飞沙走石,上面没有任何生物,当然更没有火星人。

这个谜解开以后,天文学家进一步分析认为:在太阳系里,除地球外,其他行星都没有生物生存所必需的环境条件。因此,地球上的人类是太阳系里唯一有智慧的生物,要找外星人,必须到太阳系之外。

1972年,美国发射了"先驱者"10号飞船,它于1987年飞出了太阳系,飞船上的金属片刻画了人类的形象、人类居住的地球以及太阳系的位置。1977年9月5日,美国的"旅行者"1号又给外面的世界带去了更丰富的信息,包括一部结实的唱机和一张镀金的唱片,唱片上收录了几十种人类语言和多首音乐作品(其中有中国的古曲)。人们热切地期望外星人会收到它。

1977年发射的"旅行者"1号太空探测器,是人类第一次以科学的方法尝试联系他们。虽然科学家鉴于星球间存在着巨大的距离,认为即使有外星人,也不可能飞抵地球,但他们并未否定外太空存在生命的可能。

为了和外星人取得联系，科学家们甚至还制造了庞大复杂的设备，试图向外星发射信息和接收来自外星的信息。但是，经过了许多努力，人们依然没有找到外星人。一些见到外星人的说法也仅仅是传说，难以得到有力的证实。

乌克兰叶夫帕托里亚的射电望远镜

值得一提的还有飞碟。许多人看到了它，也猜想它就是外星人驾驶的飞船，可这也仅仅是一种猜想而已。

为了寻找地外生命，1999年5月24日，一个名为"相遇2001"的公司借助克里米亚半岛的乌克兰叶夫帕托里亚直径70米的射电望远镜，朝4颗50—70光年远的类太阳恒星方向发射了一系列射电信号，这是人类自1974年以来第一次有意识的星际广播。

早在1974年11月16日，美国射电天文学家德雷克曾用阿雷西博直径305米的射电望远镜向24000光年以

外的球状星团M13发送过信号。可那次信息的长度仅为3分钟，由1679个字节组成，其中包括了地球在太阳系中的位置、人类的外形和DNA资料、5种化学元素的原子构成形式以及一个射电望远镜的图形。

相比之下，此次发送的信号比德雷克的那次内容更为丰富，而且被地外生命接收到的可能性更大。该信号的发送频率为5010千赫兹，比电视广播强10万倍，长度达到40万比特，它包括一系列页面，有地球和人类的详细资料、基本符

号、用逻辑描述的数字和几何、原子、行星及DNA等信息，并在3小时内重复发送3遍。

当然，两次信息的发送都使用同一种二进制数学语言，因为只有这种语言，我们才有可能和宇宙中假定存在的地外生命沟通。科学家们相信，任何具有一定数学知识的地外生命都有能力破译这些二进制编码，进而了解其内容。如果他/她/它真能截取并记录下这些信号，那么就会了解地球、太阳系、人体、人类文化和技术水平的大致状况。

另一方面，由于缺乏功能足够强大的计算机，科学家们还建立了SETI@home系统，以便在处理射电望远镜收集到的地外生命信号时，得到全球计算机用户的帮助，防止这些信号溜掉。

除此之外，这个由国际上多家航天业、信息业和生物化学业领域的知名企业联合组成的"相遇2001"公司还肩负着另一项重要任务：在2001年年底发射一艘小型宇宙飞船。这艘飞船一直在宇宙中漂流，直至有一天被地外生命截获为止。它将载有更多的人类信息，并可以将数以十万计的志愿参加者的照片、手写信息和头发标本送入太空。其中，头发标本

经过特殊处理后，可以使其所含的人体DNA信息保存完整。

目前，由中国、澳大利亚、法国、德国、意大利等全球20个国家的科学家们筹划建造的，全世界最大规模的射电望远镜阵列（SKA）已经进入倒计时。据悉，SKA项目由3000台直径大约15米的较小天线组成。按照计划，SKA项目工程将于2016年开工，在2020年底前完成第一阶段施工，全部工程将在2024年完成。SKA投入使用后，其灵敏度将比世界上现存最先进的宇宙探测设备高出50倍，分辨率高出100倍，而其搜寻速度将会高出1万倍。因此将来它可以更好地帮助科学家们对外星人进行监听，人类对于宇宙的探索肯定将会有更多激动人心的发现。

射电望远镜阵列（SKA）

• 星际外交人才

美国华盛顿大学1998年9月份宣布，它将启动一项由国家科学基金资助的研究生教育项目，该项目旨在培养研究地外生命的博士研究生，这在宇宙生命学方面尚属首次。

华盛顿大学

这门专业看起来似乎挺有意思，但真的学起来并不那么轻松。学生们必须先要了解地球上的生命是如何形成的，这就涉及到天文学、大气科学、海洋学以及微生物学。负责此项目的微生物学家简姆斯·斯特雷说："我们想在地球的环境中研究生命，因此必须要研究地球上诸如火山口、海冰和地下玄武岩的形成过程，因为这些都是形成微生物的极好环境，而且很可能与其他星球上的环境相类似。"除此之外，学生们还要研究大量的在地球上了解较少的有机体。

给学生尝尝寻找地外生命的滋味，并非只有华盛顿大学一家，美国航空航天局的宇宙生命学研究所也提供同样的机会。

为了鼓励更多人加入到探索外星生命这项任务中来，英国威尔士格拉摩根大学开设了首个以寻找外星人为主攻方向的天体生物学本科专业。

美国航空航天局

75

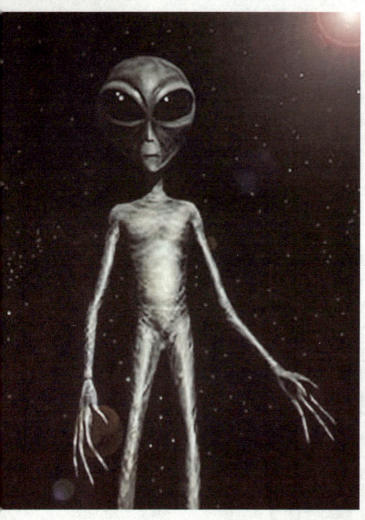

当然，有些课程可能格外吸引人。比如研究电影《Ｅ．Ｔ．》（外星人）这类能反映外星生命问题的大众文化。该学科教授马克·布雷克表示："大众文化经常能够激发人们对严肃科学问题的兴趣。"

该校有关人士指出，搜寻地外生命是当今太空计划的"主要推动力"。2005 年 1 月 14 日，欧洲航天局发射的"惠更斯"号在土卫六成功登陆，它所承担的一项重要使命就是在这个星球上寻找生命迹象。而欧洲宇航局专家通过研究它登陆后获取的资料得出结论说，土卫六上很可能存在着现代生命——微生物。这些发现进一步激发了人类寻找地外生命的热情。

据法新社报道，虽然找外星人听起来让人很兴奋，但专业课程其实并不轻松。学生们在为期 3 年的学习期间，要修《天空探索》《脊椎动物学》《科学与媒体》《宇宙生命》等多门艰深的课程，同时还要阅读大量晦涩的文献，在实验室做实验，长时间观察夜空等。

不过，虽然寻找外星人成了一门专业，但若指望几个人通过 3 年探索就能找到外星文明似乎也不太可能。如果你对太空充满疑问，倒不妨递交一份入学申请，既能满足好奇又能拿到大学文凭，何乐而不为呢？

西方文坛的"外星人之父"

外星人的诞生和以下 3 个人有最为密切的联系：法国的凡尔纳、英国的 H.G. 威尔斯以及德国的拉斯唯茨。

凡尔纳:《环绕月球》

儒勒·凡尔纳 (1828–1905) 是法国享誉国际的科幻小说家。1863 年他的第一部长篇小说《气球上的五星期》出版，随后他接连创作了《地心游记》(1864)、《从地球到月球》(1865)、《环绕月球》(1870) 和《海底两万里》(1870) 等。

虽然直到 1905 年，他在整个写作生涯中从来没写过一部完全以外星人为中心的小说，但凡尔纳在其小说《环绕月球》中，对外星生命的简短的讨论，为我们提供了他对外星人的看法。小说中的一个人物曾提出两个问题："月球是可居住的吗？月球曾有生命居住吗？"凡尔纳的判断是：月球是不可居住的，这是由于"其明显大量减少的大气、大部分干涸的海洋、不足的水供给、有限的植被、冷热的突变、历时 354 小时的昼夜。"

拉斯唯茨:《在两个行星上》

1895 年 11 月，德国哲学家和历史学家拉斯唯茨 (1848–1910) 开始创作小说《在两个行星上》(1897 年出版)。书中描绘了一支火星人探险队的先遣部队建立了一个"徘徊"在地球北极上空的太阳能空间站，并且在北极建立了基地的故事。

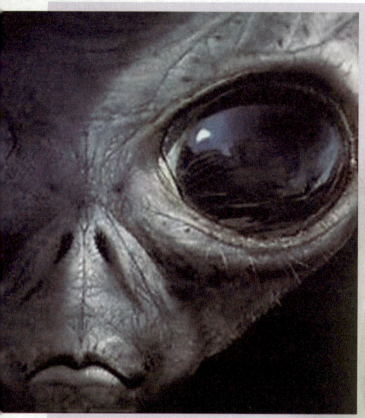

在这本书出版后的10年里，《在两个行星上》被翻译成了瑞典语、挪威语、丹麦语、荷兰语、波兰语以及匈牙利语等9种语言。

威尔斯：《星际战争》

如果拉斯唯茨的故事给人们留下的是希望，那么英国人威尔斯的火星幻想作品留下的是恐惧。

1897年，威尔斯的科幻小说《星际战争》开始被连载，第二年以整书的形式出版，其创造力是惊人的：威尔斯不仅描写了第一次来自星际空间的侵略，而且出色地用文字形式加以表现。

威尔斯早在1888年就对外星生命产生了兴趣，到1897年，他对外星生命的强烈爱好已经显而易见了，这不仅表现在《星际战争》中，而且还包括有关火星人的《水晶蛋》和《恒星》。

拉斯唯茨笔下的外星人"头部较大，头发的颜色很淡，近乎白色，眼睛闪光，目力敏锐。"更重要的是，他们达到了比地球人更高的道德水准。他们没有任何本能和欲望。

是什么原因促使拉斯唯茨从事小说的创作我们不得而知，但看来似乎可能是出于他对外星生命的兴趣以及对人类社会进步的愿望。在他晚年所写的一篇关于外星生命的文章中，他说："我们在凝视星空时不自然地想到，即使在那些无法达到的星球上，也可能存在着有血有肉、有思想、有感性的生物。认为宇宙中只有地球上有智慧和生命存在的想法是完全荒谬的。"

威尔斯告诉了我们促使他在 1897 年动笔写作《星际战争》时的境遇："我兄弟弗兰克的一番话导致了这本书的产生，当时我们漫步于萨里郡平静安宁的景色中。'假如突然间来自另一星球的生物从天而降，'他说，'并且从这里开始四面出击会怎样？'那就是我的出发点。"在《星际战争》故事中，火星人依次在地球着陆，读者在阅读中可以明显发现威尔斯的描述要营造一种恐怖的气氛，紧接着，怪异的外星人就这样诞生了：

"一个淡灰色浑圆的躯体，大小和熊差不多，它膨胀开来，在光线的照射下像潮湿的皮革一样闪闪发光，两只浅黑的大眼睛紧紧盯着我。这个怪物的主要部分，它的头部是圆形的，有一张所谓的脸。在眼睛下面有嘴，但没有嘴唇，嘴也在颤动着，喘着气，还流着唾液。"《星际战争》的巨大成功不仅开创了威尔斯的职业生涯，而且推动了外星小说的发展。对于这本书的重印、翻版以及富于想象力的漫画随即开始出现，并一直持续到现在。

外星人以不同的形式分别在法国、德国和英国被构想出来，随之而来的是外星人在探索社会与生物进化中所发挥的作用。

不明飞行物——UFO

UFO和外星人总是如影相随，要谈到外星人，那么UFO就是一个不得不说的话题。

UFO全称为不明飞行物，也称飞碟（简称UFO）是指不明来历、不明空间、不明结构、不明性质，但又飘浮、飞行在空中的物体。一些人相信它是来自其他行星的太空船，有些人则认为UFO属于自然现象。20世纪40年代开始，美国上空发现碟状飞行物，当时称为"飞碟，这是当代对不明飞行物的兴趣的开端，后来人们着眼于世界各地的不明飞行物报告，但至今尚未发现确实可信的证据。许多不明飞行物照片经专家鉴定为骗局，有的则被认为是球状闪电，但始终有部分发现根据现存科学知识无法解释。

在中国古代，UFO又叫作星槎，未经查明的空中飞行物。UFO一词源于二战时期目击到的碟形飞行物，虽然UFO不全是碟形，也有其他形状，但是毕竟还没有任何文献资料能够明确定义飞碟，在飞碟被明确定义之前，它属于UFO，只是因为有个美国人在雪山附近看到了不明飞行物，据他的描述说，这个不明飞行物像掠过水面的碟子，故称飞碟。

20世纪以前较完整的目击报告有350件以上。据目击者报告，不明飞行物外形多呈圆盘状（碟状）、球状和雪茄状，也有呈棍棒状、纺锤状或射线状的。

20世纪40年代末起，不明飞行物目击事件急剧增多，引起了科学界的争论。持否定态度的科学家认为很多目击报告不可信，不明飞行物并不存在，只不过是人们的幻觉或是目击者对自然现象的一种曲解。肯定者认为不明飞行物是一种真实现象，正在被越来越多的事实所证实。到80年代为止，全世界共有目击报告约10万件。不明飞行物目击事件与目击报告可分为4类：

白天目击事件；夜晚目击事件；雷达显像；近距离接触和有关物证，部分目击事件还被拍成照片。

麦田圈

不明飞行物调查不完全记录 〉

我们先从最基本的问题说起：人类是什么时候迷上不明飞行物的？说来并不奇怪，现代人对不明飞行物的关注，是从冷战的头几年开始并逐渐升温的。那个时期的人习惯于抬头看看天空，防备着侦察机和飞来的导弹。

不过，真正在全球掀起一股热潮的事件发生在1947年的6月。

1947年6月24日，美国人肯尼思·阿诺德在华盛顿州雷尼尔山上空，架着自用飞机，突然发现有9个白色碟状的不明飞行物体在群山间穿梭飞行，速度很快，非常灵活。他向地面塔台喊出："我看见了飞碟。"引起美国极大的轰动。几天之后，新墨西哥州的罗斯威尔发现神秘的金属残片。这就是进入工业革命后第一次全面的UFO报告。

自此后到处都是飞碟的照片和影像，多得数也数不清；有些并不是很有说服力，还有一些却很真实。

1983年英国人柯林安德鲁斯发现麦田圈，并成立"国际圆圈现象研究中心（CPRI）"，从事麦田圈的研究。

1990年底至1999年间，比利时上空多次出现了不明的三角形飞行物，这是少数拥有超过1000名以上目击者的不明飞行物体事件。当时不仅一般民众及警察目击，比利时军方以及北大西洋公约组

F-16战斗机

织的雷达也侦测到这些不明飞行物体的存在，在当试以无线电联络失败以后，比利时空军多次派出F-16战斗机拦截，其间F-16曾成功以机上雷达锁定其中一架不明飞行物体，但是被其以极高速逃脱。在经过一个多小时追逐后，无功而返。事后比利时军方发布事件报告，史称"比利时不明飞行物体事件"，这也是极少数获得国家军方承认的不明飞行物体事件。

1990年6月23日前后，有一火龙形不明飞行物在我国湖北省、河南省上空反复出现，尤其在6月23日凌晨，两省范围内有成千上万的人目击到该龙形飞碟，特别是当该龙形飞碟飞越开封市龙亭公园上空时坠落下一块银灰色的人造金属残片。这种具有大量人证、同时又有确凿物证的飞碟目击案例在中国UFO史上尚属首例。"6·23"UFO事件发生后,平顶山电视台、《洛阳日报》、《郑州晚报》、《开封日报》、《飞碟探索》杂志、中国UFO研究会内刊《天地探秘》杂志、中央电视台等媒体迅速对此UFO事件作了新闻报道,这就是曾经轰动一时的河南开封"1990·6·23"龙形飞碟事件,也因该事件目击范围之广、目击者之众多、声光电之俱有、人证物证之俱全、目击调查报告之详实而成为中国UFO史上最具研究价值的UFO案例。

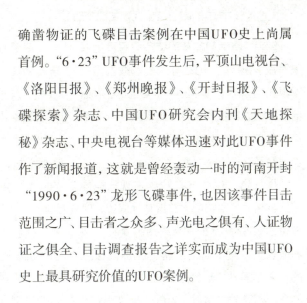

• 英国空军雷达屏幕上曾监测到"UFO舰队"

阿兰·特纳曾在英国皇家空军雷达系统服役了 29 年。1971 年，他和战友们从军事雷达屏幕上监测到"UFO 舰队"。然而英国国防部在得知这一情况后，却下令严加保密。2008 年，退役多年的特纳首次披露了这一绝对内幕。

据报道，1971 年，特纳在现已被停用的英格兰多塞特郡索普雷基地服役，时任雷达班班长。在一个晴朗的夏夜，他和战友们从军事雷达屏幕上监测到惊人的一幕：多达 35 个的 UFO 排成一队在 3000 英尺（约 914 米）至 60000 英尺（约 18288 米）的高空作等距离飞行，飞行时速约为 300 英里（约 483 千米）/小时。

每个 UFO 只在屏幕上闪现数秒钟便渐渐消失，取而代之的是另一个同样的 UFO。以此类推。特纳回忆道："我立即意识到这不是一支军事飞机。当时能够以如此速度攀升的飞机只有'闪电'超音速战斗机，可是它们不可能保持如此完美的阵型，并且会发出巨大的噪声。可是那天晚上，没有人听到一丝动静。"

据特纳称，无独有偶，位于伦敦希思罗机场的 6 台军事雷达及其操作员们当时也监测到了这一神奇事件，并且将这些 UFO 出现的方位锁定在英格兰索尔兹波平原的东部。同年，他们将这一难以解释的奇特现象报告了上级。

　　英国皇家空军的首长事后绘制出这支"UFO舰队"的飞行路线图，结果发现后者途经诸多英军军事要地。比如，英格兰威尔特郡的林汉姆皇军空军基地，位于赫特福德郡布鲁克曼公园的飞行导航信号发射地，等等。

　　英国国防部在接到这起神秘事件的报告后3天后派人视察了英国皇家空军的营地，并且随即下令所有目击者和当事人不得向外界透露此事。1984年，特纳由于在军中的出色表现，被授予大英帝国勋章。1995年，时年51岁的特纳中校从英国皇家空军光荣退役。直到那时，他也未敢对当年那起"UFO舰队"事件透露半个字。

　　2008年10月，特纳将作为特邀嘉宾，出席在英格兰西约克郡庞蒂弗拉克特市举行的一个名为"近距离接触"的UFO讨论会。时隔37年，退役的特纳首次披露了当年那一神秘事件的绝对内幕。

　　当然，除了这些被传得神乎其神的目击事件之外，骗局在UFO事件中也从来不曾缺席。

世界上已有成百上千的"纪实"图书写的是人类跟外星兄弟的接触，书中既有目睹者所提供的证据，也有的好像是秘密文件，还有他们所乘坐的飞碟的照片。书的作者还特别注意到飞碟失事的细节，据说特工机关还保存有地外装置的残片，却不愿将此秘密公诸于众。可是，大部分新成长起来的飞碟问题专家根本就不愿去对这些问题探个究竟，而沉湎于人云亦云之中。只有俄罗斯圣彼得堡飞碟问题专家、俄罗斯地理协会飞碟研究委员会主席米哈伊尔·格尔什泰因例外，2001年–2005年，他在美国和欧洲同行的帮助下，对世界上比较大的飞碟失事事件进行了仔细研究，最后得出结论：大部分是骗局，可报纸和书籍里还照旧在报道这些事件。米哈伊尔·格尔什泰因将研究结果写成了一本书——《飞碟失事史实记述》，准备在2007年出版问世，神秘的事件中只是撷取其中的几个片段：

• 惊天骗局一：前苏联外星碟状飞行物

真相：媒体杜撰

1952 年夏，欧洲开始出现一些传言，称挪威人在斯匹茨卑尔根群岛上找到一个怪怪的碟状装置，德国报纸萨尔布吕肯报首先报道了此事。文章中说：

"挪威的喷气式飞机在斯匹茨卑尔根群岛上空开始夏季演习……空军大尉奥拉弗·拉尔森偶尔往下一瞧，马上开始向下降落，整个航空中队也跟他一起降落。在白雪皑皑的大地上，有一个直径 40 至 50 米的金属圆盘在闪闪发光……

"飞行物直径 48.88 米，圆形，未发现有乘员。它由一种尚无人知道的金属合金铸成，边上安装有 46 台自动喷气式发动机。根据苏联专家们的意见，这些发动机是用来转动中央有机玻璃球的圆盘，球内装有测量仪器和遥控装置，在那些测量仪器上还发现一些俄文字母。计算表明，这个圆盘可以在 160 千米以上的上空飞行（地球上空的宇宙空间始于 100 千米高度），活动半径为 3 万千米。"

再往下便不再提到前苏联了，所以飞碟问题专家认为是找到了来自另一星球的飞碟。

但是，飞碟问题专家阿尔纳·博尔卡于 1973 年获准翻阅军事档案之后，才发现挪威国防部对有关"飞碟失事"的大量来函和咨询持怀疑态度，因为他们未掌握任何情报。

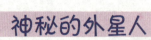

神秘的外星人

1952年，挪威空军只拥有两架喷气式飞机，这两架飞机都只能停靠在距奥斯陆50千米的加尔德莫延军用机场。第一架飞机的活动半径为980千米，第二架为1610千米，而机场到斯匹茨卑尔根群岛的距离约为2000千米。由此看来，挪威空军根本就不可能有喷气式飞机在那里进行"夏季演习"，它们就不可能飞到群岛上空。

现在的一致看法是：关于"碟状飞行物"坠毁一事，完全是当时德国借人们对飞碟的好奇心理而进行的杜撰。

• 惊天骗局二：16具神秘小个子类人动物尸体

真相：骗子为牟利而虚构

根据飞碟问题编年史，1948年3月有一"飞碟"在美国新墨西哥州的阿兹特克小镇以东的高地上坠毁，当地居民还在里面发现16具小个子类人动物的尸体。当地报纸是这样描写的："大大的、有些斜视的眼睛，鼻子和嘴都很小，柔弱的身躯，细长的脖子，胳臂几乎长及膝盖，手指细长，中间像是有蹼。"有关此次飞碟失事的消息甚至传到了当时联邦调查局局长胡佛的耳朵里。

但实际上这件事纯属虚构，是由两个骗子——列奥·格巴威尔和赛列斯·牛顿一手制造的骗局。

在骗局被揭露之后，曾买下探测器的丹佛百万富翁格尔曼·弗列德尔才明白自己上了骗子的当，把他们告到了法院。1952年10月14日，丹佛的检察官向牛顿和格巴威尔提出起诉，控告他们犯有诈骗罪，从弗列德尔手里骗取了5万美元预付款，说是用来借助"地外电子甲虫"对石油钻井的钻探进行研究。

• 惊天骗局三：英国小镇的地外来函

真相：地外来函地球人造

1957年11月21日，在英国的西尔佛·姆尔小镇附近，有个叫弗朗克·狄肯逊的人发现有一个发光的物体降落。他跑过去一看，才看出是一个奇怪的圆盘，旁边还站着两个地球人，他们同意只收取10个英镑便把这个玩意儿卖给了狄肯逊。

"不明飞行物"是典型的"飞碟"形状，直径为46厘米，高23厘米，重约16千克。弗朗克还在里面发现了17张非常薄的、上面有文象印痕的铜箔，没看到有发动机的任何迹象。

通过金属研究表明，"飞碟"的所有部件都是用地球上的金属铸成，其铅"壳"就是在150℃以上也不会发热。但是，如果说飞船是从地球的大气层中降落，它会烫得更加厉害。

曼彻斯特大学的语言学家轻易便破译了像是外星人乌洛和塔尔恩基写来的"信"，发现信文里通篇都是当时常犯的一些常识错误。比如说，里面提到人不能飞向太空，会因为过载而死掉。可令人疑惑的是，那些骗子是如何模仿飞碟降落的呢？

真相：愚人节玩笑

美国的飞碟问题专家别尔利茨和穆尔写过一本名叫《罗斯韦尔事件》的书，里面有一张模糊的照片，照片上是两个美国士兵押着一个戴氧气面罩的类人动物。照片是于 1950 年 5 月 22 日送到联邦调查局的，后来被俄罗斯飞碟问题专家多次翻印。有个姓名在联邦调查局解密文件上已被抹去的情报员对间谍约翰·科文说，他是用 1 个美元买来这张照片并"交给了政府"，因为这是一张上面映有"美国火星人"的照片。据他说，照片最早是 20 世纪 40 年代末出现在西德的威斯巴登市。

当别尔利茨和穆尔的书流入西德，有个叫克拉乌斯·韦伯涅尔的对飞碟抱怀疑态度的人马上看出他见过这张照片：这是从发表在 1950 年 4 月 1 日《维耶斯巴特报》的一篇短文上复印下来的照片。短文里说，之前城市附近有个不明飞行物坠毁。被美国人抓到的那个外星人只有末端是个圆盘的一条腿，只能一蹦一蹦地走路，而手上的 4 个手指的指甲都很特别。

尽管短文发表的日期已经很能说明问题，韦伯涅尔还是去找到了该报当时的编辑威廉，后者证实那完全是报纸摄影记者汉斯搞的一个愚人节玩笑，由汉斯的 5 岁儿子来扮演外星人。后来，编辑部又对照片进行了仔细的修描。至于那两个美国士兵，他们是得到上司的允许后来参加这一活动的。

不管怎么样，UFO 在世界范围内掀起的热潮从来没有消退过，有人认为国际上没有公开承认 UFO 的存在的主要原因就是怕造成人们的恐慌。

全世界约有 1/3 的国家在开展对不明飞行物的研究，已出版的关于不明飞行物的专著有 350 余种，各种期刊近百种。对不明飞行物已有不少官方和民间研究机构在进行研究。世界上较大的研究机构都拥有一批专家参与这项工作，包括天文学家、植物学家、生物学家、医生和精神病学专家、化学家和物理学家，还有航空、土木、电气、机械和冶金等方面的工程师，以及语言学家、历史学家等。在美国，一些理工大学甚至已把不明飞行物问题正式列入博士论文的选题，一些大学和空军院校还开设了不明飞行物课程。中国也建立了以科技工作者为主体的民间学术研究团体——中国 UFO 研究会。在我国台湾和港、澳地区均建有类似的飞碟研究组织。中国关于不明飞行物的科普刊物《飞碟探索》于 1981 年创刊。

> 故纸堆中的UFO,《圣经》中的不明飞行物

尽管对 UFO 的研究是近几十年的事,但关于 UFO 的记载可追溯到几千年之前。《圣经》一书在《以西结书》中就有 UFO 的记载。

在《圣经》里面以先知的面目出现的就是以西结,他的名字的意思即为"神赐力量"。这位具有神赐力量的先知,据说也目击了 UFO。那么,他究竟看到了些什么呢?

"当三十年四月初五日,天就开了,得见神的异象。我观看,见狂风从北方刮来,随着有一朵包括闪烁火的大云,周围有光辉,从其中的火内发出好像光耀般的精金;又从中显出 4 个活物的形象来,他们的形状是这样:人的形象,各有 4 个脸面、4 个翅膀,他们的腿是直的,脚掌好像牛犊之蹄,都灿烂如光明的铜;在四面的翅膀以下有人的手。"

- 埃及草纸文稿中的神秘飞行器

在梵蒂冈埃及博物馆馆长的收藏物中，发现了一张古老的埃及莎草纸，记录了公元前 1500 左右，图特摩斯三世和他的臣民目击 UFO 群出现的场面："22 年冬季第 3 日 6 时……生命之宫的抄写员看见天上飞来一个火环……它无头，喷出恶臭。火环长一杆，宽一杆，无声无息。抄写员惊慌失措，俯伏在地……他们向法老禀报此事，法老下令核查所有生命之宫莎草纸上的记载。数日之后天上出现更多此类物体，其光足以蔽日，并展之天之四维……火环强而有力，法老站于军中，与士兵静观其景。晚餐之后，火环向南天升腾……法老焚香祷告，祈求平安，并下令将此事记录在生命之宫的史册上以传后世。"

关于UFO的解释

一、地外高度文明的产物：有人认为有的UFO是外星球的高度文明生命（外星人）制造的航行工具。

二、自然现象：某种未知的天文或大气现象，地震光、大气碟状湍流（一些科学家认为UFO现象是由环境污染诱发的）、地球放电效应。UFO可能跟一种自然现象"精灵闪光"有关，以色列特拉维夫大学的地球物理学家科林·普莱斯说："雷雨天产生的闪电刺激了上空的电场，促使它产生被称作精灵闪光的光亮。现在我们知道，只有一种特殊类型的闪电才能在高空引发闪光。"研究人员已经在距离地面35到80英里的高空发现这种闪光，远远超过了闪电经常发生的距地面7到10英里的高空。虽然以前的研究称，闪光经常会迅速前行或者旋转飞奔，但是闪光也会以快速滚动的电球的形式出现。以色列科学家研究称，部分神秘的UFO现象可能跟令人费解的一种自然现象"精灵闪光"有关，这是一种由雷暴在大气高处引发的闪光。

三、对已知现象或物体的误认：被误认为UFO现象的因素或物体有天体：

行星、恒星、流星、彗星、陨星等；大气现象：球状闪电、极光、幻日、幻月、爱尔摩火、海市蜃楼、地光、流云；生物：飞鸟、蝴蝶群等；生物学因素：人眼中的残留影像、眼睛的缺陷、对海洋湖泊中飞机倒影的错觉等；光学因素：由照相机的内反射和显影的缺陷所造成的照片假成像、窗户和眼镜的反光所引起的重叠影像等；雷达假目标：雷达副波、反常折射、散射、多次折射，如来自电密层或云层的反射或来自高温、高湿度区域的反射等，人造器械：飞机灯光或反射阳光、重返大气层的人造卫星、点火后正在工作的火箭、气球、军事试验飞行器、云层中反射的探照灯光、照明弹、信号弹、信标灯、降落伞、秘密武器等。

四、心理现象：有人认为UFO可能纯属心理现象，它产生于个人或一群人的大脑。UFO现象常常同人们的精神心理经历交错在一起，在人类大脑未被探知的领域与UFO现象间也许存在某种联系。

我们有时候还会听到这样的说法：某某现象科学解释不了，那么就一定是外星人所为。对于这样的说法，我们应该

仔细想想：

　　第一、这种现象是不是真的无法解释？所谓的"无法解释"可能是骗子编造的谎言。

　　第二、我们承认世界上仍存在着科学无法解释的问题，然而无法解释并不意味着永远不能解释。比如所谓月面上神秘的闪光现象。这种闪光不是外星人在捣鬼，而是陨石撞击、火山或者其他普通的物理现象。而所谓的"月桥"不过是光学的幻影。人类探索月球早期拍摄到月球上存在所谓"金字塔"和"方尖石"，然而后期拍摄的高分辨率图像显示那些石头普通得再不能普通。这也算一个例子。

　　绝大部分UFO的报告都是由没有经验的、未经训练的、没有准备的或异常激动的观察者提供的，信息非常模糊和不准确，因此通常不可能做出准确的判断。既然大部分UFO都被确认为捏造的或自然现象，那么少部分因证据不足无法确认的UFO也属于捏造的或自然现象的可能性，显然远远高于它们是天外来客的可能性。我们无法做出合理解释的唯一原因，是因为没有足够的必要证据，而不是因为外星人在捣鬼。奇怪的是，发现UFO的报告极少或几乎从来没有来自天文学家、气象学家或天文、气象爱好者，他们要比一般人花多得多的时间观察天空，应该更有可能发现空中异常才对，这究竟是外星人在有意躲着他们，还是因为他们作为专家，不容易把自然现象当成UFO?

当然,和外星人存在与否的讨论一样,关于UFO的讨论也从来没有停止过。自20世纪40年代末起,不明飞行物目击事件急剧增多,引起了科学界的争论。因为UFO不是一种可以再现的,或者至少不是经常发生的事物,没有检验的标准,迄今在世界上尚未形成一种绝对权威的看法。持否定态度的科学家认为,很多目击报告不可信,不明飞行物并不存在,只不过是人的幻觉或者目击者对自然现象的一种曲解,可以用天文学、气象学、生物学、心理学、物理学和其他科学知识来加以说明。他们甚至把飞碟学视为伪科学。肯定论者认为,不明飞行物是一种真实观象,正在被越来越多的事实证实,但许多UFO专家表示,他们并不肯定UFO是外星船。他们认为不应该把相信UFO存在与相信它来自外星的理论混淆起来,因为来自宇宙的假说只是根据其飞行性能、电磁性质以及目击者的印象解释归纳推断出来的,正确与否尚待查证。也有一部分UFO专家支持"外星说"。一些学者还指出,飞碟现象在许多方面与已知的基本科学规律不符,在解释这种现象时理论上所遇到的困难是它至今未能为现代科学家所承认的主要原因,但不能因此就轻易否定这种现象的存在。

99%的UFO都找到了合理的解释,剩下的也不足信,骗局是有的,但也不全是,一部分是好奇心,但正如王刚说的:"科学需要好奇心。"

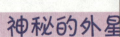

不同类别的接触 〉

目前在UFO研究领域中，关于人们对不明飞行物与人类关系方面，较为公认的描述是4类接触方式：

第一类接触："指目击者看到一定距离内的UFO，但是未发生进一步的接触。"在四类接触中，这类接触的发生率最高。我们常常看到类似的节目和报道，某处发现不明飞行物，某某某人目击不明飞行物，某某某人拍照或者摄录下不明飞行物的图片或影片等等。

第二类接触："指UFO对环境产生影响，如使汽车无法发动，在地上留下烧痕或印痕，对植物和人体产生物理生理效应。"1994年贵州省贵阳都溪林场突发的事件就被归纳为这种接触方式。

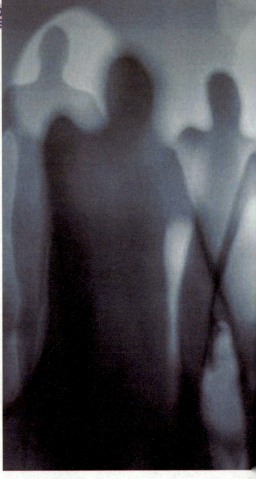

第三类接触："指UFO附近出现的人形生物，与我们地球人类面对面的接触，包括握手、交谈、性接触及人类被绑架。"这类也是接受质疑最多的一种，毕竟经历这种接触的人凤毛麟角，而他们这类接触过程往往都是通过事后描述记录下来，很难留下什么确实的证据。不过，一般而言，在事后记录时，当事人往往需经过催眠才能再现出与外星生命接触的过程。对于承认催眠科学性的人们而言，这类证据还是可以得到认可的，至少不会被认为是经历者的有意编纂。

第四类接触："指心灵接触。人类并没有直接看到UFO或人形生物，但是它们通过人类的灵媒，传下一些特殊的信息。指目击者看到UFO附近出现类似人样的生物，但他们未与目击者发生更进一步的接触。"这里提供的资料，也是一种二手资料的形式，但是比起第三类接触，这种方式似乎更难使人信服。

普通喷气发动机喷气推动力的可能。几乎每一个UFO研究者都会产生这样的印象：UFO拥有能够抵消引力的某种机械装置。而UFO的神奇还不仅止于此：面对如此众多的星球和如此遥远的距离，即使以光速飞行，仅仅去访问某一个适宜生命居住的行星，来回一次最少也得大约100年，多则几百万年甚至几百亿年，更不要说一次要去访问几个相距遥远的行星了，这显然是当代最先进的载人宇宙飞船也绝对无法胜任的，因此要想实现星际飞行，必须满足以下一些特殊要求：

1.在飞行途中没有"加油站"，也很难想象自带燃料而能满足如此长距离、长时间飞行的要求，因此至少必须解决在整个飞行过程中不断接受广泛来自宇宙的外界能源并使之转化为飞碟飞行的动力。当然如果能在飞行途中不需接受任何外界能源即能完成全程飞行，那是最好。

2.如果使用核动力或热核动力系统，因为在其运行时产生巨大的核辐射，为了保护乘员的生命安全和电子系统不被破坏，就必须采用笨重的辐射防护屏，这既减少了有效载荷，又增加了飞碟本

UFO动力大猜想 >

常见的一种UFO的飞行姿态是纹丝不动地悬停在空中或离地不高的半空中，而且丝毫见不到能确保这一凌空悬停动作是靠一种机械作用来表现的。很显然，无论如何，UFO也不会利用普通飞机所借助的空气动力学上的升浮力来飞行；同时，UFO也并非凭借像直升飞机那样的螺旋桨来悬停；加上UFO飞行时既无气流又无烟团，从而也排除了它使用

身的重量，其次也难以保证在紧急着陆时反应堆不会产生核爆炸，另外在飞行途中当燃料用完时也没有现成的核燃料可供置换，更无法处理核废料，以免造成环境污染，因此使用核能源需特别慎重。

3.宇宙间没有"修理站"，一旦动力系统的机件出现故障，将难以处置，因此系统本身的可靠性必须有绝对的保证，这就要求在系统工作的过程中，机械运转的部件越少，则出现故障的概率越小，可靠性越高。

4.在星际飞行中，长期处于失重状态将导致飞碟乘员的诸多太空病，如晕动症、肌肉萎缩、平衡失调、骨质疏松引起骨折以及心理上的孤寂，空间高能粒子（如宇宙射线等）辐射对乘员、元器件和材料等造成的损伤，还要解决乘员长时间的生活供应问题（如饮食、排泄、供氧、供水等等），因此对生命保障系统的高效，安全和可靠性要求是头等大事，这就在客观上要求动力系统具有高速高效的功能，以缩短飞行时间。

5.如果我们要飞往半人马座α星（据报道，通过哈勃太空望远镜拍摄的图像确定它是一个巨大星系，距地球1000万光年），不可想象能用亚光速飞行完成一个来回，因此必须采用超光速飞行，这就带来一大堆问题如：

半人马座α星

A.采取什么措施才能使飞碟达到超光速？

B.飞碟速度怎么突破"光障"进入超光速飞行？又怎么由超光速转入亚光速飞行？

C.飞碟在亚光速飞行时，按照狭义相对论，其速度越快，则时间过得越慢，而在超光速飞行时情况又如何？

D.在超光速飞行时是否也还有速度快慢的差别？一旦控制电脑出现

故障，如何由人脑来控制速度？

E.在超光速飞行阶段和突破"光障"的瞬间对飞碟的结构强度和乘员的生命安全有何影响？

F.为了完成如此遥远的星际飞行，是否能找到非常规的飞行原理和先进的飞行方式？等等。由此可见，在飞碟的动力系统探索方面研究者们需要发挥非凡的想象力和创造力，找出可能的动力来源。在这里我们不妨给大家分享一下研究者们的成果：

103

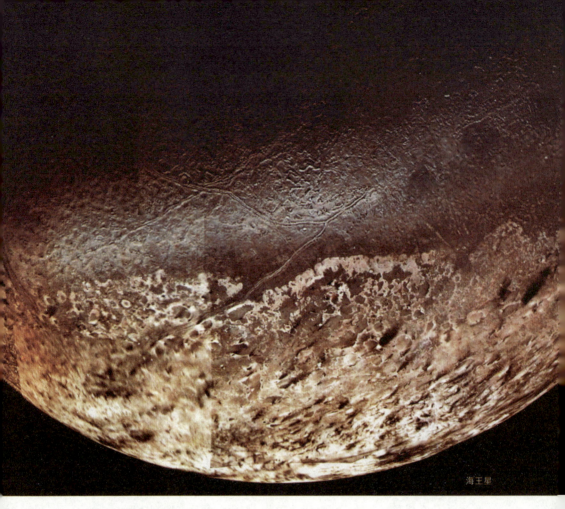

海王星

• 离子发动机

A．铯离子发动机。在反应堆中当铯蒸气通过灼热的钨栅扩散时，使铯原子变为离子射向反应堆尾部而获得推力。美国某公司曾研制过这种袖珍型发动机，它像枚戒指，轻可手提，能从太空平台起飞，虽然它仅提供 0.5 千克的推力，但当进入太空后即可达到每秒好几百千米的速度，到达火星只需 17 天，要去海王星或冥王星也不难。

B．汞离子发动机。德国科学家约瑟夫·弗来辛格和霍斯特洛布设计，将汞加热成蒸气引入电离室使其电离，汞离子在磁场作用下带上正电荷，即以 100 千米／秒的速度喷出以获得推力，可以在 3 年内到达冥王星。

C．气体 — 等离子体 — 离子发动机。1966 年 10 月苏联发射了一个电离层站，系用冷凝器使氢或氮连续放电并加温，使之成等离子体，再通过磁场加速后喷出而获得推力。

从以上情况看，这类发动机的速度不够高，只能作近地空间飞行之用。

• 光能发动机

德国物理学家布尔克哈特·海因姆认为增加或消除地心引力都是可能的，并从理论上解决了电场与重力场可相互转化的问题，1967年7月1日他以切实可行的方法向人们展示他的装置，在其中使光能变化发出磁力和重力能。由于光能在宇宙不难获得，因此这一发明很可能成为未来星际飞行的一种方式，但不清楚的是，光电的能量转换效率不高，据此能否提供足够的动力以实现星际飞行尚待探讨。

• 电磁流体力学原理

法国科学家皮埃尔·珀蒂认为飞碟是利用电磁场流体动力推进的，即超强磁场使在飞碟前方的空气电离成真空，大气压力推动飞碟前进，其速度之快就如在真空中滑行，如此就不产生冲击波，没有声音，也不存在空气摩擦和热障问题，如使其顶部形成的大气浮力与其重量相等，即可使飞碟悬停。飞碟所过之处经常出现工厂停电、汽车熄火等现象，这正说明飞碟具有强大的磁场。

• 虚质量原理

根据爱因斯坦的狭义相对论知道物体的静止质量为m，则其

运动质量m与速度 v 的关系为当在亚光速 $0 < v < c$ 时，有 $m_0 < m < +\infty$，即运动质量m总是大于静止质量m。并随着 v 的增大而接近于光速c时，引起质量m的无限增大，这表明任何有质量的物体其运动速度 v 以光速为上限，永远不可能达到光速，更不可能超过光速！现在要想实现星际飞行，试问：宇宙间有没有超光速运动的物体？其次，怎样使飞碟实现超光速运动？为此先看在实际观察中，1973年澳大利亚科学家通过连续观测和研究，发现的确有超光速运动的粒子存在，叫作"快子"，其速度以光速c为下限（这岂不与上述矛盾？不！因为上述是指"有质量"的物体，而在宇宙中确实有些物体在静止状态时没有质量，比如构成所有电磁辐射的基本单

位的光子，引力的基本单位引力子以及中子等），其次，从理论上为了把上述公式推广到超光速 $v > c$ 的范围（但又不与亚光速 $v < c$ 时的情况矛盾），当取 $v > c$ 时，m 为虚数（即把物体的质量由原来的实数范围相应地推广到了复数范围），叫作虚质量，这就是快子。快子的特性为，当其速度越慢，则其能量越大，如给快子一个推力使其能量加大，其速度反而会减小，如所给推力无限增大，其速度将趋近于光速而以光速为下限，反之当其能量越小，其速度反而越快，即在快子的运动方向给一个阻力，如通过阻滞介质以削弱其能量，其速度反而会增大，直到其能量完全消失，其速度将接近于无穷大！据此可见，如能设计出一种转换装置，把飞碟及其负载的每一个亚原子粒子全都转变成快子，即可在一瞬间飞出去而不需任何加速，其速度比光速快很多倍，并可通过调节其能量来控制速度大小，用不了几天就可飞到另一个遥远的星系，在那里不需任何减速，再通过转换装置把光子转换成亚原子粒子，最后再还原成原来的飞碟及其负载，上述情况听起来简直是不可思议！但据《新民晚报》1998 年 1 月 17 日报道，奥地利因斯布鲁克实验物理学院的科技人员，通过一个光学仪器控制盘把处于量子状态的光子不借助于任何媒体传输到另一个光子，初步完成了"远距离传物"（即把物质转变成光子迅速传送到遥远的目的地，然后再重新转变成原来的物质）的实验，值得重视。

• 虚速率原理

　　对上述公式我国学者李正桐从另一方面作了深入的探讨，认为要想使物体的运动质量 m 变小，可把运动速度取成虚数 vi，即虚速率，则有：这时即得到运动质量 m 比静止质量 m 还小，并且当 v 越大，则 m 越小。据计算，当取 $vi = 479ci$ 时，即可使飞碟在空气中飘浮，并使飞碟的急加速和"直角"转弯等现象也得到合理解释，这些都和常规飞行器相似。为了搞清楚物体在虚速率条件下的运动状态，以上式代入爱因斯坦的质能公式 $E = mc^2$ 有可见物体的运动速度越大，其能量 E 也越大，但当 $v = 0$ 时，$E. =$

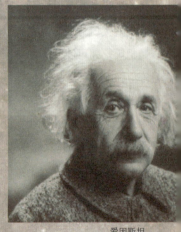

爱因斯坦

$m_0 c^2$，即这时仍有相当大的能量，既然有能量，就表明它必然处于某种运动状态，但因为这时的宏观运动速度为0，则 $E_0 = m_0 c^2$ 表达的应该是物质内部微观运动的总和。又当速率为虚数时，所对应的能量E的数值比 E_0 更小，可知虚速率表明物质内部运动规模的减小，这个变化究竟发生在哪一个层次尚不可知，但总可以据此认定虚运动表征了一种新的物态，从能的观点看它应比固态的内能更低，因此如能搞清其原理并实现虚速率飞行，即可使飞碟运动质量m很小，则不难实现悬停,急加速和"直角"转弯等高难度飞行。

• 波力发动机

我国学者王伟刚和王大东探讨了以多普勒效应的逆现象所产生的力（即逆多普勒力）作为动力的逆多普勒推进器的工作原理，因其主要依靠某种形式的振动波作为工质，故又泛称为波力发动机。如以电磁波作为工质，令其辐射源发出的各个多普勒脉冲频率在 $3\times10^5 - 3\times10^{18}$ Hz 之间变化，当频率由低增高时，在推进器的输出端可依次得到无线电波（$3\times10^5 - 3\times10^{12}$ Hz），红外线（$3\times10^{12} - 3.9\times10^{14}$ Hz），可见光（$3.9\times10^{14} - 7.5\times10^{14}$ Hz），紫外线（$7.5\times10^{14} - 5\times10^{16}$ Hz）和X光射线（$3\times10^{16} - 3\times10^{18}$ Hz）这样一段同波谱相似的逆多普勒脉冲波，其所产生的推力方向与脉冲波的传播方向相同。反之，当脉冲波的频率由高降低时，相应的推力方向也与波的传播方向相反。当推进器连续发射出一系列强力脉冲波时，在其输出端得到的强大推力R等于各个脉冲波产生的推力之和，如将多台推进器按同一方向设置，即可使其总推力增大并提高输出功率，以达到推进大载荷飞行器的要求。按此原理设计的飞行器不仅能够作垂直升降、悬停、自旋等高机动飞行，而且其脉冲波谱的一段正处在可见光范围以内，这时从主、副推进器的输出端，向四周射出强烈光速并不断变化色调，甚至飞行器被一层不断变化着颜色和亮度的光环包裹。当脉冲波在X射线频段时，其辐射可使感光胶片曝光，并杀伤生物的细胞组织；在紫外线频段时可使空气分子电离产生臭氧，甚至损害眼睛的晶状体和视网膜；在红外线和微波频段时则会明显表现出加热效应，如灼伤人体皮肤、烧焦草地、树木等；在无线电频段时其辐射将会干扰雷达、导航、通讯、广播等等。此外强大脉冲波的综合效应其后果更为严重，可导致工厂停电、发动机熄火等等。以上的这些现象和很多飞碟目击案例极为相似，而这些仅仅是逆多普勒推进器在工作过程中产生的"副作用"。现在科学家已通过先进的实验手段验证了逆多普勒力的存在并初步探明其产生机制，有条件研制出了小功率的电磁波力发动机。如能加大其功率，则可制成人造飞碟。

· 反物质反应堆与光子火箭

1955 年德国科学家欧金·桑格尔发表《光子火箭力学原理》，并称利用光子火箭可以完成银河系最遥远地区的飞行。其原理是在反应堆里使反物质与正物质接触而湮灭转化为光子，即按爱因斯坦的质能公式 $E=mc^2$ 转化为惊人的能量（如 1 克反物质与 1 克正物质相互碰撞而湮灭时能释放出高达 $5×10^7$ 千瓦小时的巨大能量，这相当于世界大水电站 12 小时发电量的总和），以光子流的形式喷出。据报道，美国从回收的飞碟中发现的反物质反应堆是有足球那么大的简单装置，能产生出想像不到的强大能量，并能突然起飞或停止，对乘员都没有影响。从长远看，反物质所释放的能量大大超过核裂变和核聚变的能量，而且没有核燃料的污染问题，因此对实现星际飞行是非常理想的能源，但是当前的困难是反物质非常稀少，据 1996 年报道在欧洲原子能研究中心的实验室里首次发现反物质，但也只存在了 1/400 亿秒，这说明反物质非常的难得，更不要说是生产出来了，其次由于它和正物质一接触就会发生剧烈的爆炸，因此如何贮存及尾部的反射镜如何能承受强大的光压和 50000–250000K 的高温等问题现在都无法解决。

· 时空场共振理论

美国航空航天局科学家艾伦·霍尔特认为时间是能量在时空中高频振荡的结果，宇宙间各个时空点的性质取决于该点能场的结构特性，即取决于该点磁场，电场的时空局部结构及与引力场之间的结合特性，而且宇宙中各时空点还有其确定的能量流动特性，它可以用一组谐波来描述。如果在 A 点能用人工方法产生一定的谐波结构使它与遥远距离的 B 点处的谐波结构特性相同，则在两点之间就会产生共振并形成一个时空隧道，飞行器循着这个时空隧道在瞬间就能由A点到达B点。这种理论巧妙地利用了宇宙力场的特性，使飞行器能自动趋向目的地，而无需耗费巨大能量就能实现极远的星际飞行。其关键是飞行器必须产生适当的能量形态，以使其满足选定的时空点的谐波结构特性。在国外已设计和在实验的时空场共振推进飞行器是通过自由电子激光系统产生一定的能量形态，再以氢磁性波体系进行精调，以实现预期的谐波结构。有人预料如果取得成功，就能使地球人即使要想到几百万光年以外的某个星球去，也方便得就像转换电视频道开关一样，因此被认为是最理想的星际飞行方式。

• 静态磁能技术与反重力技术

我国科学家刘忠凯从事飞碟研究多年，勇于突破旧的理论框框，大胆探索，取得可喜成果。如：在电磁型静态磁能装置中，只要人为地破坏电动势的平衡，即可使输出能量大大高于输入能量，它的主要特点是，首先它抛弃了机械转动的落后形式（用微观运动代替宏观运动），因此它没有运转部件，不会出现机械故障，当然也就不需要"修理站"，其次它不需要自带燃料，也不需要由外界供给能源，当然也就不需要"加油站"，只凭反能量守恒定律就能从本身获得无尽的动力，以提供无限的续航能力，这是它最突出的优点。反重力技术是研究如何人为控制以实现任意改变物质质量的技术。反重力场是一种特殊的物理场，它除了可使物体质量发生变化外，还可产生一系列奇特的物理效应，如引起时间和空间的变化、改变物质的物理或化学特性等等。据此刘忠凯进一步研究确定，反重力技术与静态磁能技术的有机结合，即可制造出以超高速飞行的新型航天器，因此飞碟很可能就是一个可以发出了强大低频正弦信号的特殊振荡器，这是飞碟最令人难以置信的地方，即不在于它如何复杂和高深莫测，而恰恰在于它过于简单，简单到令人疑神疑鬼，不敢相信的程度！作者认为这是利用电磁能量作为动力的最理想的方式，值得特别重视。

• 爱因斯坦-罗逊桥理论

现代科学家研究证实，当一颗恒星爆炸并坍缩时，其坍缩力和处于坍缩中的残余物质的质量将会联合起来把亚原子粒子挤到一起压碎并使之无限地坍缩，其体积趋近于零，而其密度则趋近于无限大，它的巨大质量所产生的引力，大到使其周围的一切物体都被它吸引进去，无法逃脱，甚至连光也不例外，这就好像是宇宙中的一个吞噬任何物体的"无底洞"，叫作"黑洞"。又因为黑洞本身是一个星体，所以它也同样具有星体的一般规律——自身旋转，这使得落入黑洞的物体完全有可能从别的什么地方被挤出来，使物体转移的这种方式，很可能在很遥远的距离上（甚至几百万乃到几十亿光年）和时间上（如相距几个世纪）在很短暂的时间里完成，这种转移完全不受光速的限制，也不存在消耗巨大能源和经历漫长时间的问题，宛如通过隧道或桥梁一样，在 20 世纪 30 年代爱因斯坦及其助手罗逊曾对此提出过理论根据，所以把这种通道叫作爱因斯坦 —

罗逊桥，因为在宇宙中有很多黑洞，飞碟在作星际飞行时完全可以利用这些黑洞，即从A点进洞，几乎立刻便从几十万光年之外的B点出洞，然后经过一段空间的飞行到C点进入第二个黑洞，又几乎立刻便从几百亿光年之外的D点出洞，依此不断进行，这样飞碟完全可以在非常短暂的时间内，从宇宙中一个星系的某个星球到达另一个星系的某个星球，这就好像是我们在北京的天坛要想去游颐和园，需要在事先了解去颐和园的交通路线，再换乘几次公共汽车一样，为此地球人就得绘制一幅详细的"宇宙交通路线图"，精确标明每一个黑洞的进口和出口位置，以供我们外出作星际旅行时备用。这种理论听起来实在叫人感到太玄乎！为此我们不妨看看在两个案例中发现的情况：

A．墨西哥青年农民安东尼奥·阿波达卡自述在1953年10月9日曾在飞碟上做客并访问飞碟故乡的经历。他们完成这一旅程仅用了4天多的时间，当他为飞碟的神速而惊异时，问及为什么能飞得这么快？是用哪种动力？外星人说："你可曾注意到河里的船是怎么顺流而下的吗？我们的做法多少是一样的，在星球与星球之间存在着

电磁流和能流，我们的飞船就靠这两种东西来滑行，速度之快你难以想象。"

B．1973年11月3日南美洲著名飞碟专家卡斯蒂略受邀登上飞碟参观驾驶舱，看见有一个巨大的电子中心控制台，有类似电视机一样的荧光屏，电钮和操纵杆等，还有一张点线纵横的"电子宇宙图"，其上标有各个行星和人种的分布位置，地球被标在图的边沿上小得像一粒芝麻。飞碟乘员说，他们来自金牛座的昂星团，距离地球410光年，他们能以很短的时间来到地球，又说在宇宙存在着"星际飞行走廊"，它可以缩短星际之间和星球之间的距离，这种走廊可以分为几类，并已用密码分别编号，在这些走廊中似乎有某种能存在，飞碟一旦起飞也能释放出这种能，使它能以"思想的速度"飞行。当我们最初看到这两个案例时，对所谓"星球间的电磁流和能流"还有"电子宇宙图与星际飞行走廊"似乎也感到莫明其妙，但是现在当我们回头再看看爱因斯坦－罗逊桥理论恰巧与上述两个实际案例中外星人对飞碟飞行原理的简单说明在思路上不谋而合，这难道完全是偶然的吗？有人认为，这实际上从一个侧面证实了爱因斯坦－罗逊桥理论绝非是痴人说梦！

111

外星人的狂欢——罗斯威尔"外星人"节

过去十几年来，每年夏天美国罗斯威尔市政府都会举办盛大的"外星人"节，这个怪异又有趣的节日每年吸引两万到三万名游客来到这个小镇……

在这一天速食店外会架设欢迎外星人的招牌，这里有全世界唯一的飞碟状麦当劳。街道上，几乎每一个商家都在卖和外星人有关的商品，连花都可以插成像外星人的样子。这是每年罗斯威尔最热闹的日子，来自世界各地的"外星人"都聚集在这里，参加这一年一度的"外星人"节。在罗斯威尔小镇主街上，到处是外星人的身影，仿佛外星人从太空中下来参加这个节日，和地球居民一起参加各式各样的活动。在这里来自宇宙各地的"外星人"，比比看谁的装扮最厉害。

罗斯威尔"外星人"节被全球最大旅游网站旅行顾问评为全美最古怪的十大夏日活动之一。

人造飞碟 〉

有关不明飞行物、飞碟、外星人等的话题总能引起人们的强烈关注。常常有目击者惊奇地发现不明飞行物的报告出现，古书中记载的现象我们就不多做讨论了，至少在人类社会进入近现代以来，这些报告中难免有些只是人类自己制造出来的某种"机器"而已。一直以来，UFO让人们对外星生命产生无限的遐想，而作为外星人标准坐骑的飞碟更是让我们望尘莫及。不过，现在看来，我们或许不用再对外星人如此羡慕了，因为从历史资料来看，人类其实从很久很久以前就开始了对类似UFO形状的飞行器的研究了，而现在，世界上不少国家和地区的科学家们正在公开或者秘密地研制属于人类自己的飞碟——人造飞碟。或许过不了多久，当我们抬头仰望天空时，除了能看见飞机外，还能看见那些一闪而过的人造碟。

关于人造飞碟可以追溯到二战时期。那时的德国在火箭工程学和流体力学领域处于世界先进

地位，这为飞碟的制造提供了强有力的技术支持。1940年末，纳粹德国成立了一个名为"爆破手研究室～13"的秘密机构，其任务就是专门研究、制造秘密飞行器。该机构网罗了第三帝国最杰出、最优秀的专家、工程师和试飞人员，并且在德国军方的协助下，他们最终真的制造出了一种最先进的碟形飞行器，并为其命名为"别隆采圆盘"。"别隆采圆盘"采用了奥地利发明家维托克·舒伯格研制的"无烟无焰发动机"，这种发动机的工作原理是"爆炸"，运转时只需要水和空气，在飞行器的周围共装置了12台这种发动机，

它喷射出的气流不仅仅给飞行器提供巨大的反作用力，而且还用来冷却发动机。1945年2月初，苏联空军对德国的攻势日益激烈，盟军部队在各个战场均以雷霆万钧之势向德国逼近。2月17日，德国在东、西两线的战势都节节败退，终于到了一发不可使收拾的地步，气急败坏的希特勒似乎也已经预感到帝国败局已定，于是，他决定大开杀戒。他打算宣布废除《日内瓦宣言》，与此同时，尽管德国已经到了穷途末路的地步，但是他们还在做着最后的挣扎——企图利用新式武器来挽救第三帝国的灭亡。德国秘密机构

别隆采圆盘

114

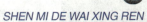

希特勒

　　"爆破手研究室～13"制造的"别隆采圆盘"更是在争分夺秒做最后的冲刺。伴随着第三帝国灭亡的丧钟，这架当时世界上最先进的飞行器在战争即将结束时，被德军有关部门按照德国陆军元帅隆美尔的命令炸毁了。尽管苏联红军在攻克柏林后很快控制了位于布雷斯劳市（今弗罗茨瓦夫）的制造"别隆采圆盘"的工厂，舒伯格去世之后，纳粹飞碟"别隆采圆盘"的秘密已无人知晓。但当美、苏公布这一消息之后，人们还是感到震惊并引起了深深的思索：从"别隆采

圆盘"在试飞中表现出的水平来看，远远

隆美尔

116

超出了当时其他各国的所有飞行器。

曾经参与飞碟秘密研制的德国米尔海姆的航空工程师格尔曼·克拉斯披露了德国早在20世纪40年代秘密进行飞碟研制计划的详细情况，他确认，他手中曾保存过飞碟试验样机的图纸。在这之前的1957年，美国一家报社就曾发表过一篇文章，题为"希特

"飞轮-1"型飞碟

勒曾研制过飞碟"。证实希特勒确实早在上世纪40年代就曾研制飞碟的传说。然而，究竟这种飞碟及其研制者的命运如何呢？

希特勒的造碟活动前后一共研制出了3种不同型号的飞碟。首先研制出的是"飞轮~1"型飞碟，这种飞碟的原始设计者是什利维尔和贝尔默利。1941年2月试飞，是当时世界上第一架垂直降飞的飞行器，它的外形跟人们发现的某些外星人驾驶的飞碟十分相似。随后，又在"飞轮~1"的基础上改装成了"垂直起降~2"这种飞碟，它

"垂直起降-2"飞碟

117

的外形尺寸都有所加大，发动机马力也有所增加，另外，还采用了类似飞机上保持平稳的舵盘操纵机械，速度约为1200千米/小时。最后研制出来的这种飞碟是"柏罗湟女战神"型，它分为两种类型：一种是直径无火焰爆炸式"绍贝格尔"型发动机驱动，这种新能源发动机只需要水和空气。1945年2月19日，"柏罗湟女战神"型飞碟完成了它的首次也是最后一次实验性试飞。无疑，这几种类型的飞碟已经被毁掉，当时研制飞碟的布列斯拉工厂落入苏军手中，研制飞碟的全体工程技术人员均下落不明，鲁道夫·卢萨尔在他写的一部书中援引了这样一段摘录：

"美国人想用重金向绍贝格尔买下研制飞碟的秘密技

"绍贝格尔"型发动机

118

术,加拿大也是如此,但被绍贝格尔拒绝了,他要求先签订一个国际协议,而施特曼认为,无论跟谁签合同,美国人都能得到他们想得到的一切。"飞碟其实是人类制造的飞行器!这种最为平常的解释却最让人惊诧。

虽然希特勒早在上世纪40年代便"旷古绝今"地开始研制人类自己的UFO,但不幸的是,它的狂想还未来得及公开就因为纳粹的覆灭而消失了。

虽然人造飞碟在二战期间已现出端倪,但是真正的萌芽出现在美国。美国是世界上开展人造飞碟研制工作最早的国家。1976年美国出版的报纸《现代飞行器》上刊出了一张UFO照片,照片上显示的是一个圆盘状飞行物。它的周围有等离子气流发出UFO特有的光彩。当时的传媒称这是当地某大学的一位工科教授的杰作,他在实验室中制造了由等离子驱动的人造飞碟。美国海军部前任飞翔机识别导师克伦朗表示,美国拥有技术,可以建造一种类似外星人驾驶的飞碟。克

伦朗花了20多年的时间设计了一种飞碟原型，并在一个国会议员的帮助下送至美国太空总署加以评论，但始终没有得到答复。上世纪末，美国太空总署的科学家又在研究一种使用空气作燃料的新式人造飞碟，希望通过这样把发射太空船的成本大大降低，同时又可以大幅增加飞行速度，计划跨半个地球只需要45分钟，那么从地球到月球亦不到6小时。

现今，科学家们还计划在人造飞碟上安装微波接收器，借以吸收在太空运行的太阳能发电站发射出来的微波，并将微波转化为电流，从而推动飞碟运动。米拉博教授还指出利用磁流体动力技术，用微波将人造飞碟上的空气变成超热的空气泡，可以令飞碟的飞行速度大幅增加，甚至足以达到音速的25倍。虽然目前说的这些都还只是理论，实际操作的效果我们还不曾见过，但是，相信在前人提供的丰富的科学理论作为基础的条件下，人造飞碟将不再是"纸上谈兵"。

据《美国科学人》网站报道，美国佛罗里达大学的科研人员计划制造一种飞碟形状的飞行器，它的外观看起来像UFO（不明飞行物），但实际上它是一个IFO（可识别的飞行物）。该飞行器可以悬停在空中，能把周围的空气变为燃料，使用电磁等离子转换技术，将周围的空气转换为电力能源。据该飞行器的发明者航空工程学教授苏波拉特·罗伊（Subrata Roy）介绍，该飞行器的飞行原理是利用自身携带的电极将周围的空气离子化，成为等离子体。而在这一过程中，气体中的原子将失去自身所携带的阴性电子，转化为阳性电荷或阳性离子。之后，飞行器上的电极将不断向等离子体传送电流，使得等离子体再推动飞行器

周围无电荷的气流，从而达到助推飞行器的目的。理论上讲，该推动方向是任意的，而这时只有飞机的操纵者确定电极的电流传导方向后，飞机才能够按照预定的方向前进。罗伊还表示，在不久的将来飞行器将成为一个真正的空中交通工具。由于在设计过程中，他已经充分考虑到了平衡与稳定的问题，因此它可以想要做成多大就能做成多大的飞行器。换句话说，这种类型的飞行器在未来的某一天将完全可以载人。"在我们跑之前我们首先要学会走，因此我们首先要做出较小一些的。"事实上，在建造一个体积巨大的"无绳电磁飞机"前，罗伊需要解决几个十分棘手的问题，在使得飞机拥有较为庞大的体积的同时，自身

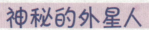

重量不能太重是罗伊首先需要面对的第一环节。当谈及此事时，罗伊表示，"由于陶瓷足够轻以及可以很好地传导电流，我预计将来所建造的飞机所应用的材料应该是陶瓷类。"而美国克利夫兰国家航空航天局格伦研究所的安东尼·克罗查，在罗伊的设计研究过程中也做出过很多帮助，他表示，"飞机飞行过程中动力来源与飞机材料的选择十分关键，它将决定研究的成败与否。"此外，罗伊还表示自己希望能在未来的研究过程中，将空气转化为新形式的燃料。普通飞机在飞行过程主要依靠发动机引擎或螺旋推进器来行进，一旦发动机出现故障，飞机就会从天空中坠落；而这些现象绝不会发生在人造飞碟身上。从这一方面来说，人造飞碟"无绳电磁飞机"要比普通飞机更加"安全"。与此同时，从理论上来讲，"无绳电磁飞机"要比普通的载客飞机与直升飞机更加稳定。人造飞碟"无绳电磁飞机"利用空气动力学的原理产生向前的推力，飞机可以从各个方向获得动力，而动力的取得也能够迅速地取消，这就为飞行人员提供了极大的便利。罗伊教授表示，他计划在明年将他的理论首先以模型的方式呈现在世人面前，将该飞行器的基本工作原理公布于众。

说到美国就不得不提51号地区，它离内华达州的拉斯维加斯130千米，是美国最神秘的军事单位，里面封锁严密。直到1994年以前，美国军方都对外否认存在这个连军事飞机也不准进入其上空的禁区，现在也不愿透露任何有关它的情况。作为美国土地上保密程度最高的一块地盘，自然会产生种种神秘的传说，51号地区也被人跟外星人挂上了钩。51区吸引世界人民的注意已经几十年了，许多人怀疑在这一区附近发生的许多不明飞行物其实就是美国在悄悄研制的秘密军事武器，但是美国政府从未发布过任何有关基地以及基地周围发现神秘军事目

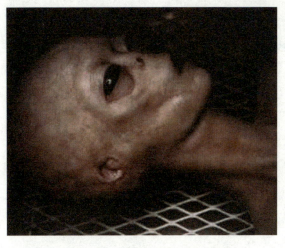

标的声明。到现在，51区对于整个世界来说仍然是一个巨大的谜团，即使能从卫星照片中分析出一些数据，但每个人的看法不同，产生的解释也就不同，以至于根本没办法真正解开谜团。我们只能期待，也许有一天，美国政府会选择公开这个秘密，就让我们拭目以待吧！

另外，虽然俄罗斯的前身——苏联曾遭遇解体的打击，但是，现在的俄罗斯在科技方面依然处于世界领先的地位，在人造飞碟方面亦是如此。俄罗斯的乌里扬诺夫斯克飞机制造厂研制了一种碟形飞行器，它不需要机场，可以借助气垫在地面、水上、

美国51区

沙地、雪原等随处升降。据说，人造飞碟的直径为200米，最大载重600吨，最大航程近5000千米。而位于莫斯科东南约400千米处的萨拉托夫飞机制造厂也在研制一种叫"伊基普"的人造飞碟，第一架样机已制造出来。"伊基普"长25米、宽36米，可搭乘400名乘客或40吨货物，时速4000英里，飞行高度36000米。因为原设计用于军事目的，所以起落不受限制，空气动力设计独一无二。

早在1992年，俄罗斯萨拉托夫飞机制造厂就设计完成了一款叫EKIP的航空器。据厂长亚历山大·埃尔米奇介绍，EKIP可以载重100吨，飞行速度约为500~700千米/小时，飞行高度为8000~13000米，且飞行距离相当远。更令人想象不到的是，它甚至可以作为翼型气垫船以400千米/小时的速度行驶。但是，由于资金不足，使得进一步的研发工作陷入了僵局。直到萨拉托夫飞机制造厂将EKIP航空器的情况公布于众之后，美国方面对此表现出浓厚的兴趣，双方达成合作意向，EKIP的研发工作得以继续。据报道，生产一架EKIP航空器和生产一架常规飞机费用大致相当，约在1000~4000万美元之间。根据萨拉托

EKIP航空器

夫飞机制造厂和美国海军航空系统司令部签署的协议，萨拉托夫飞机制造厂负责新型航空器样品的制造、试飞和项目的研究设备。美方将提供该项目的全部费用，但具体数目迄今尚未透露。专家估算，至少需要1.6亿美元。根据双方的计划，以EKIP航空器为基础的俄美合作生产的第一架航空器于2007年在马里兰空军基地试飞，预计今年将进行批量生产。

除了美国和俄罗斯，老牌的工业大国——英国也不甘示弱，在人造飞碟方面大有异军突起之势。英国一名叫桑迪·基德的前任皇家空军技术人员发明了一种具有革命性的引擎，如果使用它，从地球到火星只要34个小时，环绕地球一周只需几分钟。桑迪发明的其实是一

种回旋装置的组合，这个组合以一个特别角度飞行时，就可产生向上的效果。IBM的高级物理学家哈罗德·阿斯顿说："从科学的观点来看，这个飞机原理的确是一个极大的突破，如果我不是亲眼看见，也不会相信这样的发明。"可以预见，随着人造飞碟研制工作的进一步深入，人类穿梭于天空、翱翔于太空将更加容易。最近，"飞碟"似乎呈现一种越来越生活化的状态了。伊朗声称已研制出世界上第一个"人造飞碟"。据英国《每日邮报》报道，目前并不清楚这款飞行器能飞至多远，或者飞行多高，甚至它的大小和如何起飞的详细情况都未掌握，但这个由伊朗科学家建造的飞行器被称为世界第一款"人造飞碟"。这款名为"土星"的飞碟还于"战略技术"展览会上进行了

展览。另外，巴西里约热内卢著名的科帕卡巴纳海滩上出现了一个不断变化颜色的"飞碟"，流光溢彩的样子活像孩子们玩的溜溜球。"飞碟"吸引了近50万人观看，附近居民也聚集在窗口观赏这一"奇观"，有人还拿出照相机捕捉"飞碟"的身影。原来，这场"飞碟秀"是美国艺术家彼得·科芬和巴西工程师合作的一个艺术项目。那么彼得·科芬为何要设计这场飞碟秀呢？他说："制作不明飞行物是一件奇特的事情，因为你本来以为这是虚幻的东西，但是制作那些我们看不见的东西、那些我们希望看到的或相信的东西是艺术家职责的一部分。"艺术家们做出的"飞碟"直径7米，重约800千克，安装了1.5万盏灯。它并不是自行飞上天空，而是由一架直升机牵引带上天空。

"飞碟"原计划飞行20分钟，但是出于节省燃料的考虑，最终缩短了飞行时间。还有，英国的Paul Moller研制出了一款名为Moller的"飞碟"，它能以50英里的时速在距离地面10英尺的空中自由行驶，更惊奇的是，它不仅仅是个设计概念而已，它还是个实实在在的产品，预计该产品上市后，售价会在9万美元以上。这样的话，以后上班族们就不用再担心堵车了。在我们国家，还是有许多民营公司在开发这类的产品，因为它足够有新意，所以经营者都看好它的市场。在哈尔滨国际会展体育中心室外体育场上，一个外形酷似"飞碟"的飞行器成功飞上高空，在数十米高的空中盘旋了多圈后稳稳地降落到了草地上。该飞行器是国内首例单桨环道"飞碟"，由哈尔滨特种飞行器公司经12年研制成功的。目前，该项目已获得一项国家发明专利和20余项国家实用型专利和外观设计专利。类似于这种飞行器的用途很广。给它安上监控装置可用于森林防火，能在第一时间发现火点，及时灭火。发生突发重大事件时，可搭建临时通讯平台，为城市夜晚照明，航拍图片。还可用于缉毒和反毒品种植巡逻，江、河、湖、海、边境的巡逻，紧急突发事件的现场勘察，应急交通指挥，高空救援，非法无线电发射源的侦测等领域。

　　有人肯定会问，不是有飞机作为我们的空中交通工具了吗？为何还要大费周章地研制"飞碟"呢？其实是碟状的飞行器与普通飞机相比主要有五大明显的优势：

　　1.采用圆盘式结构，各方向中心轴对称受力均匀，可实现任意方向转弯。

　　2.采用垂直起降方式，可任意对称分布发动机，可空中悬停。

　　3.可安装多个发动机和多方向安装发动机，动力大。

　　4.侧面投影面积小，侧面雷达反射面积基本可以做到无反射状态，非常适合空战。

　　另外，由于飞碟特殊的外形，还可以作为太空飞行器。说不定哪天你一抬头就看见"飞碟"，那个时候你应该不会太惊讶吧……

127

图书在版编目（CIP）数据

神秘的外星人/张玲编著.—长春：北方妇女儿
童出版社，2015.7 （2021.3重印）
（科学奥妙无穷）
ISBN 978-7-5385-9345-7

Ⅰ.①神… Ⅱ.①张… Ⅲ.①地外生命—青少年读物
Ⅳ.①Q693-49

中国版本图书馆CIP数据核字（2015）第146841号

神秘的外星人
SHENMIDEWAIXINGREN

出 版 人	刘　刚	
责任编辑	王天明　鲁　娜	
开　　本	700mm×1000mm　1/16	
印　　张	8	
字　　数	160千字	
版　　次	2016年4月第1版	
印　　次	2021年3月第3次印刷	
印　　刷	汇昌印刷（天津）有限公司	
出　　版	北方妇女儿童出版社	
发　　行	北方妇女儿童出版社	
地　　址	长春市人民大街5788号	
电　　话	总编办：0431-81629600	

定　　价：29.80元